非洲市場研究系列 02

非洲市場研究
論壇實錄

**Records of the Forums on
African Market Studies**

陳德昇 主編

序言

　　這本論文實錄專輯匯編，收集了2021年10-12月於政治大學國際關係研究中心舉辦「非洲市場研究菁英論壇」演講內容。出版目的，一方面，我們認為這些產官學界對非洲市場的觀察和評估，專業和經驗值得分享；另一方面，相關文獻紀錄、修正與彙整，亦有助非洲市場研究成果積累，以饗讀者。

　　這本演講文獻匯編，在學界方面，有嚴震生、劉曉鵬、邱揮立和陳德昇四篇報告。嚴教授從非洲研究相關指標解讀政經發展和趨勢，提供臺商市場投資之參考；劉教授則反思兩岸外援策略的運作、借鑑與建議；邱處長則由地理、文化、資源與市場四方面，建議臺商強化非洲背景理解，以及布局和策略思考；陳教授則透過全球在地化、區域發展梯度推移與臺灣經驗引證臺商經驗。在前任和現任官員方面，趙大使和葉處長皆現身說法，提出對非洲政經互動和市場的觀察與警示，並指出提升和改善策略與方法；在產業面則有孫杰夫總經理、歐陽禹董事長、劉清三董事長和張小惠會長。他們無論是非洲市場的豐富實務經驗，或是開拓市場、專業表現和創新努力，皆值得學習。

　　本書出版必須感謝僑務委員會對演講活動的支持，以及教育部「標竿計畫」贊助。研究助理謝孟辰、杜宛諭、林志宇協助編輯和校對，以及印刻出版社的支持與合作，亦一併致謝。

陳德昇

2022 年 05 月 23 日

目錄

圖 1-1：嚴教授長期鑽研非洲議題，為臺灣學者中之非洲研究專家

圖 1-2：論壇與會來賓合影

圖 1-3：嚴教授與奈及利亞前國家元首高溫將軍（Yabuku Gowan）共同
　　　　觀察該國在 2003 年的總統大選

圖 1-4：嚴教授與三位馬拉威的記者合照

圖 1-5：攝於非洲馬拉威湖

圖 1-6：嚴教授拜訪甘比亞現任財政暨經濟部長賈（Mambury Njie）

圖 2-1：2019 年拜訪奈及利亞跨河州（Cross River State）州政府團隊

圖 2-2：2019 年拜訪奈及利亞跨河州州政府團隊，與團隊進行討論

圖 2-3：孫杰夫理事長經常帶團前往非洲，對當地市場食物具敏銳
　　　　洞察力和關係網絡

圖 2-4：非洲市場研究菁英論壇（二）會後貴賓合影

圖 3-1：中華民國駐聖多美技術團

圖 3-2：馬拉威的中國公司契作棉花田

圖 3-3：布吉納法索外交部檔案室

圖 3-4：半世紀前臺灣曾開發的馬達加斯加總統夫人農場

圖 3-5：非洲市場研究菁英論壇（三）由政治大學國家發展研究所
　　　　教授劉曉鵬主講

圖 3-6：劉曉鵬教授引介兩岸援非背景

圖 4-1：外貿協會市場拓展處邱處長分享臺商非洲市場布局與策略

圖 4-2：邱處長和與會成員討論熱烈

圖 5-1：史國蘆葦節

圖 5-2：史王破例蒞臨大使寓所晚宴

圖 5-3：史國報紙披露史王到趙大使寓所晚宴事

圖 5-4：史王贈勳（歷來首見）

圖 5-5：史王訪臺私下接見（於 2016.05.21）

圖 5-6：與史王及南非總統祖馬合影
（臺灣與南非斷交後唯一南非總統與臺灣官員合影之照片）

圖 5-7：與史王同駕一車（在史國罕見）

圖 5-8：趙大使夫婦與王母合影

圖 6-1：安口食品機械股份有限公司參加商展

圖 6-2：歐陽董事長在展場親自向客戶介紹

圖 6-3：安口食品機械（股）公司外觀

圖 6-4：自動生產非洲食品 Maamoul 的機械

圖 6-5：安口食品機械股份有限公司生產之機械，廠區潔淨

圖 6-6：歐陽董事長拜訪奈及利亞商務辦事處

圖 6-7：歐陽董事長與布吉納法索大使合影

圖 6-8：馬拉威大使與官員參觀安口食品機械公司

圖 7-1：劉董事長與非洲客戶交流

圖 7-2：劉董事長與非洲客戶交換意見

圖 7-3：元成機械股份有限公司廠區照片

圖 7-4：劉清三董事長與主編合影

圖 7-5：劉清三董事長分享在非洲發展的經驗

圖 7-6：非洲市場研究菁英論壇（七）與會來賓合影

圖 8-1：葉衛綺處長分享臺商至非洲投資之機會與挑戰

圖 8-2：史瓦帝尼王子（中）、葉衛綺處長（左）與編者

圖 8-3：史瓦帝尼王子（中）、葉衛綺處長（左）與編者之贈書儀式

圖 8-4：非洲市場研究菁英論壇（八）會後大合照

圖 9-1：張會長於非洲市場研究菁英論壇中分享實務經驗

圖 9-2：同濟會捐贈物資、防疫用品給迦納當地幼童

圖 9-3：鹿鏽國際同濟會認養非洲孤兒

圖 9-4：張會長與本杰門先生合照

圖 10-1：作者與剛果臺商楊文裕進行訪談

圖 10-2：作者與立法委員溫玉霞

圖 10-3：作者與臺灣非洲經貿協會孫杰夫前理事長

圖 10-4：作者與奈及利亞臺灣商會陳淑芳會長

圖 10-5：作者與迦納臺商會周森林會長進行訪談

圖 10-6：作者拜訪非洲臺灣商會聯合總會簡湧杰會長

圖 10-7：作者與賴索托陳秀銀董事長

圖 10-8：作者與史瓦帝尼王國王子班科希

圖 10-9：訪問史瓦帝尼國駐臺大使館經貿投資處處長葉衛綺（左 1）

圖 10-10：作者獲黃華民理事長頒 TABA 顧問

非洲研究與發展評估：指標解讀和風險管理

嚴震生
（政治大學國際關係研究中心兼任研究員）

學歷

- 美國普渡大學政治學博士
- 美國德州大學政治學碩士

經歷

- 政治大學國際關係研究中心美歐所研究員
- 臺灣大學政治系、清華大學通識中心兼任教授
- 政治大學國際關係研究中心主任

摘要

　　本報告以「非洲研究與發展評估：指標解讀和風險管理」為題，分析現階段全球主要機構與組織所做非洲觀察指標。其中包括：正向與負向指標，尚可交叉檢定，有助於非洲政情、市場機會與社會穩定之解讀，以及市場機會的發掘。

　　臺商可有效利用各項指標以觀察非洲，將有助於投資前風險管理之準備，如：一、貪腐指標：利用貪腐指標可預測前往該國經商投資時，初估交易成本；二、治理指標：藉由治理指標，觀察該國經營情況是否有效率及市場運行情形，可成為臺商選擇區位的評估依據；三、GDP 成長指數：依據 GDP 成長指數判斷該國是否具有發展性。

　　政情發展雖較難以指標或數據方式呈現，但非洲整體政治環境是影響國家發展之重要指標，其中須特別考量的有：一、軍事政變：近年包含幾內亞、馬利、茅利塔尼亞等國皆發生過軍事政變，據觀察 2021 年 9 月份蘇丹、馬達加斯加等國也有軍人蠢蠢欲動，可見非洲各國發生軍事政變之機率頗高。雖不一定會影響臺商經商投資，但因政權移轉，過去曾對政府交涉往來所付出的交易成本將付諸流水，也須重新建立與當地政府的信任關係；二、政體制度：據過往經驗觀察，美國較願意支持非洲採民主政體之國家，若國家有對人權進行不當侵害之行為，美國等西方國家可能採取制裁措施，此時臺商所投資之項目可能面臨無法出口之挑戰。

　　透過前列指標，配合對該國社會近況之觀察，兩者綜合考量，可加強臺商投資之信心，亦有利於風險管理之周全，且可對不定時之變數先規畫防範措施。此外，非洲國家相關指標和數據雖不盡理想，與歐美和亞洲國家制度化日益完善相較，亦有明顯差距，但正因如此，非洲可能是最有市場獲利機會的區位，值得吾人考量。

壹、前言

　　過去本人做過許多關於非洲種族、非洲民主化及轉型正義的研究，收集許多數據，恰好與臺商至非洲投資及經商有關，因此以下將利用這些數據進行指標解讀與非洲風險管理。

　　本文將透過以下三個指標進行分析：

一、撒哈拉以南之非洲國家的國內生產毛額增長（GDP Growth of Sub-Saharan African Countries）：透過對標的國家 GDP 指數的觀察，進而判斷該國經濟發展。若該國 GDP 指數穩定成長，表示該國經濟發展逐年進步，值得前往投資。

二、軍事政變（Military Coups）：近年，發覺非洲仍有許多軍事政變發生，執政者因軍事政變更迭，可能會影響臺商過去建立的政商關係。

三、非洲國家指數（Indexes for African Countries）

（一）經濟自由度（Index of Economic Freedom）：關注標的國家經濟自由程度，特別是管制政策，須確認是否有管制產業或金流之政策。

（二）貪腐指數（Corruption Perception Index）：觀察貪腐指數判斷該國是否有「特殊管道」可行，並可進一步評估因特殊管道而增加的交易成本。

（三）脆弱國家指數（Fragile State Index）：指當地政府無實質權力且難控制國家發展，過去被稱為失敗國家指數。如阿富汗前總統加尼（Ashraf Ghani）因受塔利班威脅，而快速繳械投降逃往海外。

（四）世界護照實力排行（Global Passport Power Rank）：該指數雖無法觀察出臺商是否能在標的國家取得簽證，但能觀察出標的國家對其他國家的互惠政策。

（五）伊布拉欣非洲治理指數（Ibrahim Index of African Governance）：此

指數為一位蘇丹慈善家所成立的基金會所辦理，其每年會頒獎給非洲國家中已卸任的領導者，並提供獎金，以鼓勵非洲領導者積極實現政權輪替，促進民主自由，但也有人戲稱該基金會在：「買領導人下臺」。現實上，非洲國家很少有順利執政滿兩年，並順利卸任的領導者。

除上述三大類指標外，以下提供幾個由世界各大組織所推出的指標排行供參考，因時間考量無法一一進行分析，但仍為值得關注的數據：

（一）民主指數 Democracy Index（Economist Intelligence Unit）

（二）自由指數 Freedom in the World Index（Freedom House）

（三）全球競爭力報告 Global Competitiveness Index（World Bank）

（四）全球和平指數 Global Peace Index（Institute for Economics & Peace）

（五）人類發展指數 Human Development Index（United Nations）

（六）全球繁榮指數 Legatum Prosperity Index（Legatum Institute）

（七）新聞自由指數 Press Freedom Index（Reporters without Border）

（八）轉型指數 Transformation Index（Bertelesmann Stiflung）

貳、非洲各國經濟發展與情勢分析

一、撒哈拉以南之非洲國家的國內生產毛額增長（GDP Growth of Sub-Saharan African Countries）

從表 1 中可見，2022 年對非洲國家的 GDP 預測是相當看好，有許多都是超過 5% 的國家，在經濟成長來說算是十分良好，2021 年也有許多國家的 GDP 呈現正成長。而 2020 年則是因 COVID-19 疫情環伺，許多國家經濟呈現負成長，例如有礦的波札那（Botswana）也跌了 8%；布吉納法

索（Burkina Faso）也只剩下 0.8% 的成長，但在 2021 年都回復了很多。大家可以透過此數據觀察哪些國家近年經濟穩定發展，或是哪些國家經濟發展十分不穩定，如剛果共和國（Republic of Congo）近幾年 GDP 皆為負成長，或成長極低，可見該國經濟發展十分不穩定。

在此想特別提一下幾內亞（Guinea），該國前總統阿爾法・孔德（Alpha Condé）眷戀權勢，於是發起公投以修改憲法，使自己得以連任至第三任，此一舉動得罪許多人，遭到軍事政變推翻政權，現如今仍在拘禁中。而新起的少壯派軍閥（軍事政變大多都非將領級發動，多為年輕少壯派上校、上尉等），擁戴馬馬迪・敦布亞（Mamady Doumbouya）即位擔任總統。幾內亞很奇怪，近年才剛發生政變，預期經濟成長應該會衰退，但事實上該國經濟發展相當不錯，就連 2020 年都還有 5.2% 的成長。若單看其經濟成長，會認為此次軍事政變十分不合理。在過去經驗中，若經濟穩定成長，軍人是沒有理由去推翻文人政府的，可見軍事政變其實很難被預測，因發動政變的原因很多，若單以經濟成長指標觀察便會誤判一些關鍵因素。

以整個非洲地區來看，其實非洲大部分國家都有發展投資的機會，反而是南非地區似乎經濟發展不如預期，臺商在此較難牟利，南非地區在大部分人眼中都覺得這裡很上軌道、很有制度，應該要能賺到錢，但其實依GDP 指數來看，相較非洲其他地區，要在南非賺錢並不容易。

表 1：近年非洲各國 GDP 指數（2010 － 2022）

國家	2010-17	2018	2019	2020	2021	2022
安哥拉（Angola）	3.1	2.0	-0.6	-4.0	0.4	2.4
貝南（Benin）	4.3	6.7	6.9	2.0	5.0	6.0
波札那（Botswana）	5.0	4.5	3.0	-8.3	7.5	5.4

國家	2010-17	2018	2019	2020	2021	2022
布吉納法索（Burkina Faso）	6.0	6.8	5.7	0.8	4.3	5.2
蒲隆地（Burundi）	2.3	1.6	1.8	-1.3	2.8	3.7
維德角（Cabo Verde）	2.2	4,5	5.7	-14.0	5.8	6.0
喀麥隆（Cameroon）	4.7	4.1	3.9	-2.8	3.4	4.3
非洲中非共和國（CAR）	-1.1	3.8	3.o	0.0	3.5	5.8
查德（Chad）	3.6	2.3	3.0	-0.9	1.8	2.6
葛摩（Comoros）	3.3	3.6	1.9	-0.6	0.0	3.6
剛果民主共和國（RDC）	6.5	5.8	4.4	-0.1	3.8	4.9
剛果共和國 （Republic of Congo）	1.2	-6.4	-0.6	-7.8	0.2	1.0
象牙海岸（Cote d'Ivoire）	6.2	6.9	6.2	2.3	6.0	6.5
赤道幾內亞 （Equatorial Guinea）	-2.7	-6.4	-5.6	-5.8	4.0	-5.9
厄利垂亞（Eri trea）	4.5	13.0	3.8	-0.6	2.0	4.9
史瓦帝尼王國（Eswatini）	2.7	2.4	2.2	-3.3	1.4	0.9
衣索比亞（Ethiopia）	9.9	7.7	9.0	6.1	2.0	8.7
加彭（Gabon）	4.4	0.8	3.9	-1.8	1.2	2.7
甘比亞（Gambia）	1.9	7.2	6.1	0.0	6.2	6.5
迦納（Ghana）	6.8	6.3	6.5	0.9	4.6	6.1
幾內亞（Guinea）	6.0	6.2	5.6	5.2	5.6	5.2
幾內亞比索 （Guinea Bissau）	4.1	4.3	3.5	-2.4	3,0	4.0
肯亞（Kenya）	5.8	6.3	5.4	-0.1	7.6	5.7
賴索托（Lesotho）	2.7	-1.1	1.0	-4.5	3.5	4.3
賴比瑞亞（Liberia）	4.1	1.2	-2.5	-3.0	3.6	4.7
馬達加斯加（Mada-gascar）	2.7	3.2	4.4	-4.2	3.2	5.0
馬拉威（Malawi）	4.2	3.2	4.5	0.6	2.2	6.5
馬利（Mali）	4.3	4.7	4.8	-2.0	4.9	6.0
模里西斯（Mauritius）	3.8	3.8	3.0	-15.8	6.6	5.2

國家	2010-17	2018	2019	2020	2021	2022
莫三比克（Mozam-bique）	6.2	3.4	2.2	-0.5	2.1	4.7
納米比亞（Namibia）	3.9	1.1	-1.8	-7.2	2.4	3.3
尼日爾（Niger）	6.1	7.2	5.9	-1.8	2.5	2.3
奈及利亞（Nigeria）	4.2	1.9	2.2	-1.8	2.2	2.5
盧安達（Rwanda）	6.7	8.6	9.4	-0.2	5.7	6.8
聖多美普林西比（Sao Tome&Principe）	4.7	3.0	1.3	-6.5	3.0	5.0
塞內加爾（Senegal	4.7	6.2	4.4	0.8	5.2	6.0
塞席爾（Seychelles）	5.0	1.3	1.9	-13.4	1.8	4.3
獅子山（Sierra Leone）	5.2	3.5	5.5	-2.2	3.0	3.6
南非（South Africa）	2.0	0.8	0.2	-7.1	3.1	2.0
南蘇丹（South Sudan）	-6.6	-1.9	0.9	-6.6	5.3	6.5
坦尚尼亞（Tanzania）	6.6	7.0	7.0	1.0	2.7	4.6
多哥（Togo）	5.8	5.0	5.5	0.7	3.5	4.5
烏干達（Uganda）	5.3	6.0	8.0	-2.1	6.3	5.0
尚比亞（Zambia）	5.4	4.0	1.4	-3.6	0.6	1.1
辛巴威（Zimbabwe）	7.8	3.5	-7.4	-8.0	3.1	4.0

二、軍事政變（Military Coups）

　　過去曾有學者針對軍事政變之預測提出指標，認為若該國 GDP 成長緩慢、失業率上升，再加上社會出現不穩定狀況，則可透過數據預測軍事政變發生的時機與機率，但也有學者認為該預測準確率極低，認為此種預測就如投資專家與猴子射飛鏢一樣，猴子射飛鏢的命中率可能都高於此類預測。

　　2014 年學者針對非洲國家軍事政變進行風險評估，針對 29 個非洲國家進行排行（如表 2），其中最危險（排行第一）的國家是幾內亞，其次為馬達加斯加共和國。此地 2021 年也發生過流產政變。以下將提出幾個

有意思的國家進行分析：

（一）赤道幾內亞：此地歷史上僅在 1979 年發生過一次成功的軍事政變，
　　　但經歷了許多次流產政變。

（二）南蘇丹：南蘇丹在歷史上尚未發生過軍事政變，但據個人觀察，該
　　　國脫離蘇丹的壓迫，獨立已滿 10 年，外界與當地民眾預期領導者
　　　應一掃過去的陰霾，促進國家經濟或社會發展，然實際上卻沒有作
　　　為，而在文人政府之下的少壯派軍人，可能會因著自己的愛國心使
　　　然，再加上民眾的期待，進而發動政變。

（三）索馬利亞：索馬利亞基本上不會出現軍事政變，因其本身就是軍閥
　　　掌權，中央政府只是空殼皮囊。

（四）喀麥隆：喀麥隆目前還沒有發生政變的情形，倒是內戰不斷。喀麥
　　　隆原屬德國殖民地，在一戰後被分為兩個部分，較大一部分領土分
　　　給了法國，其餘則分給英國，1960 年代後，原法屬地區脫離法國控
　　　制獨立建國，而英屬喀麥隆地區則分為南北兩區，南部與法屬喀麥
　　　隆合併，而北部與奈及利亞合併，但南部在與法屬喀麥隆合併後，
　　　兩區域的矛盾仍在，原英屬喀麥隆地區的居民開始想要獨立，使得
　　　內亂不斷。

（五）賴索托王國：賴索托已多年沒有發生軍事政變，最近是在 1990 年
　　　代，曾發生過三、四次政變。

（六）衣索比亞：衣索比亞極有可能發生政變，因其正在內戰中，依照過
　　　去經驗，許多政變都來自於內戰的不平息，如馬利、獅子山。

（七）象牙海岸共和國：象牙海岸當權者阿拉桑・瓦塔拉在兩任任期期滿
　　　後，連續安排兩位總理參選總統一職，但連續兩任總理皆不幸過世，
　　　外界戲稱瓦塔哈有「剋總理的命」，因目前找不到繼承人能接掌，
　　　而瓦塔哈之前的對手仍在蠢蠢欲動，此國極有可能發生政變。

（八）阿爾及利亞：因 1992 年後穆斯林激進派團體已被推翻下臺，阿爾
　　　及利亞是相對穩定的國家。

（九）布吉納法索：2015 年曾發生過一次政變，但這不被認為是傳統的軍
　　　事政變，因其是人民起義，抗議聲浪群起，而軍人也選擇支持人民，
　　　覺得無法再支持政府，進而所發生的政變。2022 年 1 月下旬，布吉
　　　納法索發生軍事政變，總統卡波雷（Roch Marc Christian Kaboré）
　　　被推翻下臺，成立過渡政府。

表 2：2014 年非洲國家軍事政變風險排行

排行	國家	排行	國家
1	幾內亞	16	多哥
2	馬達加斯加	17	賴索托
3	馬利	18	剛果共和國
4	赤道幾內亞	19	衣索比亞
5	尼日	20	象牙海岸
6	幾內亞比索	21	奈及利亞
7	蘇丹	22	阿爾及利亞
8	中非共和國	23	史瓦帝尼
9	南蘇丹	24	盧安達
10	索馬利亞	25	安哥拉
11	剛果民主共和國	26	布吉納法索
12	埃及	27	利比亞
13	查德	28	莫三比克
14	茅利塔尼亞	29	加彭
15	喀麥隆		

　　2019 年針對非洲軍事政變進行更系統化的風險評估，以下將針對幾個
國家進行說明：

（一）布吉納法索：前總統布萊斯·龔保雷（Blaise Compaoré）被推翻後

逃到象牙海岸，且已入象牙海岸籍，目前沒有回到布吉納法索的跡象，但由於現任總統表現不及龔保雷，且龔保雷在當地仍有零星支持，這是否會成為軍事政變的起因也很難說。2022 年的軍事政變雖然與龔保雷沒有關係，但布吉納法索軍事政變的頻繁，卻是不可否認的事實，同時 2019 年的預測，顯然有所根據。

（二）幾內亞比索：一直都是觀察的目標，因其一直無法讓總統做滿兩任順利下臺，再接續給下一任總統，政局較紛亂。

（三）賴比瑞亞：賴比瑞亞較特別的是，現在的總統是足球明星參選執政，政局算穩定，個人認為不太會發生政變。

（四）茅利塔尼亞、索馬利亞：此兩國絕對是軍事政變的高風險區，個人認為一定會發生軍事政變。

（五）蒲隆地：蒲隆地是一個很有意思的國家，它在 70、80、90 年代大概每十年就會發生一次政變，我曾依循此跡象準確預測到政變的發生。

（六）南蘇丹：如前段提及，獨立之後沒有走向更好的國家，民眾對執政者的期待很高，但執政者無法回應民眾需求，很有可能走向革命或政變。

（七）尼日：2010 年總統修憲希望能繼續掌權，造成軍人反彈，啟動軍事政變，然而令外界震驚的是，在軍事政變後，軍方竟願意歸還政權，回歸民主選舉，此次軍事政變被認為是好的軍事政變。

表 3：2019 年非洲國家軍事政變風險排行

排行	國家	排行	國家
1	布吉納法索	6	蒲隆地
2	幾內亞比索	7	南蘇丹
3	賴比瑞亞	8	尼日
4	茅利塔尼亞	9	辛巴威

排行	國家	排行	國家
5	索馬利亞	10	馬利

　　以上是針對政變的一些介紹，每個人對政變的定義不太一樣，這是我個人觀察的一點淺見，提供給大家參考。除上述國家外，個人也特別關注聖多美普林西比，該地分別在 1995 年及 2003 年都發生過軍事政變，但時程極短僅有一周的時間，也因國家很小，僅需 30 位軍人即可推翻政府，而其發動政變的原因多為政府未發放薪資及補助。

　　值得一提的是，從數據中可見，南部非洲國家幾乎都沒有軍事政變，似乎過去曾為英屬殖民地的地區，相對比過去為法屬殖民地的地區（如西非）少很多政變，算是相對很穩定的地區。

　　綜上所述，軍事政變在非洲多處皆有發生的可能性。對臺商的衝擊是，一旦發生軍事政變，臺商過去所接洽並打點好關係的政府極可能會下臺，談好的生意也有可能生變，但同時也有可能因政策改變而使商機擴大。個人建議若想在高風險地區長期從商，則應盡量與執政黨及反對黨都打好關係，減少軍事政變所帶來的衝擊。

三、經濟自由度（Index of Economic Freedom）：

　　在分析一個國家的經濟自由度時，可以參考美國傳統基金會（The Heritage Foundation）所做之經濟自由度排行（Economic Freedom Ranking），美國傳統基金會分別以法律規則（Rule of Law）、政府組織規模（Government Size）、管制效能（Regulatory Efficiency）、開放市場程度（Open Market）等四大面向進行分析討論：

（一）法律規則（Rule of Law）：

在法律規則方面，應重視以下三個面向：

1. 財產權（Property Rights）：應關注當地政府對於財產權之限制與控制程度，企業能自主掌握越多財產權，則較利於財產的購買與流通。

2. 司法效能（Judicial Effectiveness）：應關注當地司法機關裁量制度與法律制裁效果，以減少風險。

3. 政府誠信（Government Integrity）：政府誠信是較難馬上判斷的，需要透過觀察才能得知，但政府的誠信對社會影響甚深，企業從商或投資需特別關注此項目。

（二）政府組織規模（Government Size）：

在觀察政府組織規模方面，一般而言，政府規模越大，管制則會越多，同時，財政花費（Government Spending）也會比較高。相對而言，稅收負擔（Tax Burden）也會比較高，將會影響整個政府的財政健全（Fiscal Health），因此規模大小也是需要關注的部分。

（三）管制效能（Regulatory Efficiency）：

管制可關注的項目包含：企業的自由度（Business Freedom）、勞工自由度（Labor Freedom）、貨幣流通自由度（Monetary Freedom）等。以勞工自由度為例，如引用非洲其他國家之勞工是不是合法的？有沒有限制規定？在簽證方面是不是有相對的管制措施？

（四）開放市場程度（Open Market）：

關注市場是否開放及市場的開放程度，依開放程度可分為全部管制、部分管制、多數開放，或是完全開放市場，並可進一步觀察該國政府對於

貿易與投資的限制，是在哪方面進行管制，哪方面是開放的，或是管制是否需要取得販售證照等部分。

　　美國傳統基金會從以上述四大面向做評比，不同分數區間可對應到不同的開放狀態：

（一）100-80 分：完全開放（Free）

（二）79.9-70 分：大部分開放（Mostly Free）

（三）69.9-60 分：適度性開放（Moderately Free）

（四）59.9-50 分：大部分不開放（Mostly Unfree）

（五）49.9-0 分：壓抑的狀態（Repressed）

　　從表 4 可見臺灣 2021 年在美國傳統基金會的評比中總體經濟自由得分為 78.6 分，屬於大部分開放（Mostly Free），各項目中以財政健全（Fiscal Health）、商業自由（Business Freedom）、政府支出（Government Spending）等部分表現優異；而在投資自由（Investment Freedom）、金融自由（Finance Freedom）及勞工自由（Labor Freedom）則較有所管制。

表 4：2021 年臺灣經濟自由度各項目評比得分

評比項目	評比得分
財產權（Property Rights）	87.3
司法效能（Judicial Effectiveness）	72.9
政府誠信（Government Integrity）	74.5
稅收負擔（Tax Burden）	79.2
政府支出（Government Spending）	91.0
財政健全（Fiscal Health）	93.7
商業自由（Business Freedom）	93.4
勞工自由（Labor Freedom）	60.4
貨幣自由（Monetary Freedom）	84.3
貿易自由（Trade Freedom）	86.0
投資自由（Investment Freedom）	60.0

評比項目	評比得分
金融自由（Finance Freedom）	60.0
總體經濟自由度	78.6（Mostly Free）

　　而從表 5 中可見，2021 年在美國傳統基金會的評比中，非洲地區國家以模里西斯（Mauritius）最為開放，同時也是最多人願意前往投資的非洲國家；第二為盧安達，雖說盧安達是威權體制，屬於一黨獨大的國家，但盧安達政府非常歡迎外來投資，且配合觀察當地的貪腐情況，會發現當地的貪腐指數不高，是一個可以投資的國家，且近年盧安達政府著重在科技領域的開發，相信臺灣的科技技術與科學園區型態之管理制度對盧安達政府而言具備極高的吸引力。而從聖多美普林西比開始，屬於非洲地區的後半段國家，多數管制政策較多，可多加注意。在川普政府時代，美國不太在乎非洲的發展情況，有部分人士認為，美國不來管非洲國家也好，這樣非洲國家就不需要一直害怕被美國侵略，所以像尚比亞（Zambia）這種較後段班的國家，雖然不那麼開放，但貨幣還算是蠻強的。

　　在本次名單中，未被美國傳統基金會列入排名的包含利比亞及索馬利亞，而南蘇丹、索馬利蘭及西撒哈拉則是完全沒被列入討論範圍內，其中南蘇丹已獨立十年，理應被排入名單當中，不知美國傳統基金會是否有其他考量未將其列入，而索馬利蘭及西撒哈拉則是因為其尚未被國際認同獨立地位，因此未被列入討論。

表 5：2021 年非洲地區國家經濟自由度之排名及開放程度

國家	排名	評鑑狀態	國家	排名	評鑑狀態
模里西斯	13	Mostly Free	埃及	130	Mostly Unfree
盧安達	47	Moderately Free	葛摩	132	Mostly Unfree
波札那	51	Moderately Free	馬利	133	Mostly Unfree
塞席爾	60	Moderately Free	史瓦帝尼	137	Mostly Unfree

國家	排名	評鑑狀態	國家	排名	評鑑狀態
維德角	77	Moderately Free	肯亞	138	Mostly Unfree
摩洛哥	81	Moderately Free	幾內亞比索	139	Mostly Unfree
納米比亞	83	Moderately Free	安哥拉	140	Mostly Unfree
象牙海岸	91	Moderately Free	賴索托	142	Mostly Unfree
坦尚尼亞	93	Moderately Free	喀麥隆	144	Mostly Unfree
南非	99	Mostly Unfree	馬拉威	145	Mostly Unfree
貝南	100	Mostly Unfree	獅子山	150	Mostly Unfree
加納	101	Mostly Unfree	衣索比亞	151	Mostly Unfree
甘比亞	104	Mostly Unfree	莫三比克	153	Mostly Unfree
奈及利亞	105	Mostly Unfree	剛果共和國	156	Mostly Unfree
烏干達	106	Mostly Unfree	查德	158	Mostly Unfree
加彭	110	Mostly Unfree	尚比亞	159	Mostly Unfree
塞內加爾	111	Mostly Unfree	蒲隆地	161	Repressed
馬達加斯加	112	Mostly Unfree	阿爾及利亞	162	Repressed
多哥	113	Mostly Unfree	赤道幾內亞	163	Repressed
尼日	117	Mostly Unfree	賴比瑞亞	164	Repressed
突尼西亞	119	Mostly Unfree	剛果民主共和國	165	Repressed
幾內亞	123	Mostly Unfree	中非共和國	166	Repressed
布吉納法索	124	Mostly Unfree	厄立垂亞	173	Repressed
吉布地	126	Mostly Unfree	辛巴威	174	Repressed
茅利塔尼亞	128	Mostly Unfree	蘇丹	175	Repressed
聖多美普林西比	129	Mostly Unfree			

四、貪腐感知指數（Corruption Perception Index）

除經濟自由度外，國家的貪腐指數也是可以參考的指標，以下將以國際透明組織（Transparency International）所做之調查為基礎分析非洲各國貪腐情形。根據國際透明組織 2020 年所提出的腐敗感知指數（Corruption Perception Index），臺灣貪腐指數為 65 分，世界第 28 名，排名低於非洲最不貪腐的塞席爾一位。

　　從表 6 中可見 2020 年非洲地區國家腐敗感知指數與排行中，塞席爾最少貪腐行為，後則依序為波札那、維德角等國家，與臺灣過去有邦交關係的聖多美普林西比排名也很前面，大概是因為國家很小，所以也不太需要透過貪腐手段獲取利益。到最後可看到茅利塔尼亞、幾內亞等國排名都比較後面，這些同時也是戰亂較多的區域，可見貪腐似乎與戰亂也有一點關聯。而再往下看到奈及利亞，此處有個有趣的小故事，有一群軍火商希望能跟奈及利亞政府做生意，便與該國國防部部長洽談簽立合約，結果到最後才發現，當初見到的國防部部長是下屬趁著午休時間，部長不在位置上，而冒充假扮為部長，藉此收取軍火商的賄賂。依我自己的經驗，遇見的許多奈及利亞人都很能幹、精明，能力很好，但相對的也被覺得比較自傲一些，甚至有許多詐騙集團都是奈及利亞人，所以不論在國際間或非洲國家間也屬奈及利亞人風評較差。

　　臺商可參考腐敗指數，探查該市場是不是需要事先「打點」，並藉由對當地的文化觀察，確認打點的數目，才能有效進入市場。對商人而言，最糟糕的不是需要利用「打點」才能進入市場，而是根本不知道該不該「打點」，又該「打點」多少，才能達到受賄者的期待？

表 6：2020 年非洲地區國家腐敗感知指數與排名

國家	排名	腐敗感知指數
塞席爾	27	66
波札那	35	60
維德角	41	58
盧安達	49	54
模里西斯	52	53
納米比亞	57	51
聖多美普林西比	63	47

國家	排名	腐敗感知指數
塞內加爾	67	45
南非	69	44
突尼西亞	69	44
迦納	75	43
貝南	83	41
賴索托	83	41
摩洛哥	86	40
布吉納法索	86	40
坦尚尼亞	94	38
衣索比亞	94	38
甘比亞	102	37
象牙海岸	104	36
阿爾及利亞	104	36
埃及	117	33
史瓦帝尼	117	33
尚比亞	117	33
獅子山	117	33
尼日	123	32
肯亞	124	31
加彭	129	30
馬拉威	129	30
馬利	129	30
多哥	134	29
茅利塔尼亞	134	29
幾內亞	137	28
賴比瑞亞	137	28
吉布地	142	27
烏干達	142	27
安哥拉	142	27
中非共和國	146	26

國家	排名	腐敗感知指數
奈及利亞	149	25
莫三比克	149	25
喀麥隆	149	25
馬達加斯加	149	25
辛巴威	157	24
葛摩	160	21
厄立垂亞	160	21
查德	160	21
蒲隆地	165	19
剛果共和國	165	19
幾內亞比索	165	19
剛果民主共和國	170	18
利比亞	173	17
赤道幾內亞	174	16
蘇丹	174	16
南蘇丹	179	12
索馬利亞	179	12

五、脆弱國家指數（Fragile State Index）

　　和平基金會（The Fund for Peace）在 2021 年針對全球國家脆弱性進行研究，並提出分數與排名，得分越高、排名越前面的國家則越脆弱。從表7 中可見，全球前十大脆弱國家，非洲便占了七個，可見非洲脆弱國家極多，特別是東北角及中部地區，如南蘇丹、查德、奈及利亞等國都在此處。排名第 12 的奈及利亞，當地有嚴重的分離主義，北部的伊斯蘭極端分子蠢蠢欲動；而排行第 15 的喀麥隆過去不認為會如此脆弱，但近年同樣也是因分離主義而騷動，分為英語派及法語派地區。排行第 17 的利比亞則是過去相對穩定，但近期國家情勢十分脆弱。

　　臺商要到非洲經商，若以政治環境穩定度為優先考量因素者，即建議可選擇表7中世界排名30後之非洲國家，特別如阿爾及利亞，其不僅排名穩定，更具備土地廣大，人口眾多，自然資源豐富（有石油）等條件，且其為法語國家，與歐洲關係良好，係臺商至非洲經商之優選。此外，迦納也是相對政治穩定之國家，其已經過幾次和平選舉之政黨輪替，在票數十分接近的情況下，未如其他國家一般發生抗爭運動，落敗者摸摸鼻子便認了，是政治相對穩定的展現。

表 7：2021 年非洲地區脆弱國家指數與排名

國家	排名	脆弱國家指數
索馬利亞	2	111.7
南蘇丹	4	109.4
剛果民主共和國	5	108.4
中非共和國	6	107.0
查德	7	105.8
蘇丹	8	105.2
辛巴威	10	99.1
衣索比亞	11	99.0
奈及利亞	12	98.0
幾內亞	14	97.4
喀麥隆	15	97.2
蒲隆地	16	97.1
利比亞	17	97.0
厄立垂亞	17	97.0
馬利	19	96.6
尼日	21	96.0
莫三比克	22	93.9
烏干達	24	92.9
剛果共和國	26	92.4
幾內亞比索	27	92.0
象牙海岸	28	90.7
賴比瑞亞	31	89.5

國家	排名	脆弱國家指數
肯亞	32	89.2
茅利塔尼亞	33	89.1
安哥拉	34	89.0
布吉納法索	36	87.1
多哥	38	85.1
埃及	39	85.0
盧安達	39	85.0
尚比亞	42	84.9
赤道幾內亞	44	84.1
獅子山	45	83.4
馬拉威	46	83.2
史瓦帝尼王國	47	82.5
葛摩	47	82.5
吉布地	49	82.4
甘比亞	55	80.5
馬達加斯加	58	79.5
坦尚尼亞	61	79.3
賴索托	64	77.9
阿爾及利亞	74	73.6
塞內加爾	76	73.4
貝南	78	72.8
聖多美普林西比	83	71.5
摩洛哥	83	71.5
南非	89	70.0
突尼西亞	94	69.2
加彭	101	67.4
納米比亞	109	64.3
維德角	110	64.2
迦納	113	63.9
波札那	122	57.0
塞席爾	124	56.3
模里西斯	156	38.1

六、世界護照實力排行（Global Passport Power Rank）

　　表 8 為非洲各國護照可通行之國家或地區數量表，其中塞席爾之護照為非洲地區中可通行之國家或地區總數最多者，總共可通行於 111 個國家間，這跟塞席爾作為旅遊的熱區有關。塞席爾係英國威廉王子與凱特王妃的蜜月旅行地，因此吸引許多遊客慕名而來。此外，值得一提的是，大部分人印象中的塞席爾只是非洲大陸東岸外海一個不起眼的小國，但有趣的是，歷屆大陸領導人非常喜歡到此地訪問。

　　從表 8 中可見，非洲國家護照可通行之國家數量多數落在 50 個國家左右，其中大多是非洲國家內部彼此的互惠，因此各國護照實力落差不大，除索馬利亞外，大多都不算太低，至少在非洲地區皆可自由通行。此外，可觀察到，當該國護照的實力不高時，那麼該國也較不願意提供我國護照之通行許可，依經驗大多需要透過各種商會，如 TABA，去協助取得通行許可。而本人也曾向外交部建議過，當非洲學生希望來臺就學時，是否讓臺灣在非洲當地之商／協會協助其取得簽證，例如，曾經有孟加拉的學生希望來臺就學，但卻得透過泰國或印度取得簽證，成本花費龐大，甚至有可能被拒絕，對於學生來說負擔真的太大，因此我便建議外交部可授權有信用的非洲國家或臺商，協助這些學生取得簽證。

表 8：非洲地區各國護照可通行國家／地區數量表

國家	可通行數量	國家	可通行數量
塞席爾	111	馬達加斯加	55
模里西斯	104	加彭	55
南非	86	茅利塔尼亞	54
波札那	69	尼日	53
賴索托	67	幾內亞比索	53
突尼西亞	67	赤道幾內亞	53

國家	可通行數量	國家	可通行數量
納米比亞	65	埃及	53
馬拉威	65	幾內亞	52
史瓦帝尼	63	安哥拉	52
坦尚尼亞	63	多哥	52
尚比亞	63	馬利	51
肯亞	62	蒲隆地	51
聖多美普林西比	62	葛摩	51
維德角	61	查德	50
甘比亞	60	賴比瑞亞	49
摩洛哥	60	喀麥隆	49
盧安達	60	中非共和國	49
迦納	59	吉布地	49
辛巴威	58	奈及利亞	46
烏干達	58	剛果民主共和國	46
布吉納法索	58	剛果共和國	46
獅子山	57	南蘇丹	45
塞內加爾	56	利比亞	45
貝南	56	蘇丹	45
莫三比克	56	衣索比亞	44
阿爾及利亞	56	厄立垂亞	42
象牙海岸	55	索馬利亞	37

七、伊布拉欣非洲治理指數（Ibrahim Index of African Governance）：

　　此指數為一位蘇丹慈善家成立的基金會所辦理，其每年會頒獎給非洲國家中已卸任的領導者，並提供獎金，以鼓勵非洲領導者積極實現政權輪替，促進民主自由，但也有人戲稱該基金會在「買領導人下臺」，事實上非洲國家很少有順利執政滿兩年，且順利下臺的。

　　從 2020 年伊布拉欣非洲治理指數（表9）中可見，前幾名如模里西斯、

維德角、摩洛哥等，可見大概排名前幾名的都是這些國家，治理情況整體而言很好。此外，像甘比亞，雖既定印象中覺得它是比較落後的國家，但其實在很多指標中，它都位在前段班。而後半段國家像查德、利比亞及安格拉等國家，都是因為國家政治較混亂，如安格拉新任總統為前任總統之指定接班人，但新任總統一上臺便直指前任總統貪腐，藉此將前任總統鬥倒，這種模式也是非洲常見之政治鬥爭模式。

表 9：伊布拉欣非洲治理指數

國家	治理指數	國家	治理指數
模里西斯	76.0	奈及利亞	47.8
維德角	72.1	喀麥隆	47.2
摩洛哥	70.1	辛巴威	47.2
盧安達	67.6	吉布地	46.3
肯亞	66.7	馬拉威	46.3
突尼西亞	66.2	多哥	45.4
塞席爾	66.1	獅子山	45.3
南非	64.1	茅利塔尼亞	43.1
納米比亞	62.7	幾內亞	43.0
塞內加爾	61.9	尼日	43.0
埃及	61.6	馬達加斯加	42.2
迦納	60.9	加彭	41.5
波札那	58.8	葛摩	38.7
甘比亞	57.0	賴比瑞亞	37.4
烏干達	55.0	蘇丹	37.4
阿爾及利亞	54.7	蒲隆地	37.0
貝南	53.5	剛果共和國	35.3
坦尚尼亞	52.7	安哥拉	34.3
布吉納法索	51.2	利比亞	33.9
莫三比克	51.1	查德	33.5
象牙海岸	50.8	剛果民主共和國	31.8
史瓦帝尼王國	50.3	幾內亞比索	30.9
贊比亞	50.3	中非共和國	25.5

國家	治理指數	國家	治理指數
衣索比亞	49.7	厄立垂亞	25.3
賴索托	49.0	赤道幾內亞	25.0
馬利	48.7	南蘇丹	19.9
聖多美普林西比	48.1	索馬利亞	18.4

參、結論

　　上述幾項指標不僅對學術研究方面具重要價值，也可提供臺商作為前往非洲經商投資之評估指標，建議可將上述幾項指標依照自身的考量的優先順序，進行排序，並進一步進行交叉比對，整理出最適合前往投資或經商的國家。

　　此外，針對臺灣在非洲的下一步該如何佈局，個人的建議是在現有較具優勢的電腦、電子零件、工具機、汽車零件、醫療器材之外，以「人類安全」（human security）的公衛層面作為重點項目，包括安全的用水、清潔的空氣、及各種傳染病的預防與治療。目前 COVID-19 疫情持續，非洲國家在疫苗取得方面仍然不足，且疫情並不會立刻退去。如何在此時搶在美國及印度前，積極爭取疫苗的國際認可，將疫苗賣給非洲國家，或許是一個不錯的商機。

疫後非洲投資機會、挑戰與風險管理

孫杰夫
（臺灣伊朗經貿協會理事長）

學歷

● 淡江大學英文系

現職

● 青航股份有限公司總經理

● 中華民國國際經濟合作協會副理事長

● 臺灣伊朗經貿協會理事長

經歷

● 臺灣非洲經貿協會理事長

摘要

　　此報告以「新冠疫情後非洲投資機會、挑戰與風險管理」為題，從民營企業的觀點出發，分析 COVID-19 疫情對非洲市場的衝擊，以及臺商所面對困難與挑戰，並提出疫後臺商進入非洲市場的建議。

　　臺灣非洲經貿協會成員涉及產業十分廣泛，過去曾多次召集發展非洲業務之經貿人士，考察市場商機。此外也曾與非洲各國政府進行交流訪談，建立雙邊互惠經貿往來基礎，累積許多相關貿易經驗，提供相關協助。

　　COVID-19 疫情全球燃燒之際，非洲是最晚出現病例的區域，從南非開始出現第一個病例後便如火燎原，短短不到一個月的時間，南非便成為疫情嚴重程度排名世界第五的國家，至今仍受苦於疫情中。因非洲疫情，個人已一年八個月沒有前往非洲經商，非洲商人也受限隔離政策，因此取消來臺計畫，使雙方來往被迫暫停。不過，近數月已有不少臺商返回非洲經商，估計隨著疫苗施打，2022 年將會逐步啟動雙邊經貿交往。

　　面對非洲市場未來的商機與挑戰，非洲疫情目前仍未平息，臺非雙邊經貿來往暫停，建議可藉此良機投入非洲電商事業。此外，也可利用這段時間完整布局非洲市場，以待疫情趨緩，可充分準備的投入非洲市場。

　　任何市場皆有風險，非洲也不例外，其風險顯得比較特殊，主要是在政治情勢，以及付款條件上的風險。金融相關條件，目前中國輸出入銀行（簡稱輸銀）已有規畫，包含保險、融資等，且在短短半年內，輸銀已取得迦納、奈及利亞及南非等國的轉融資合作合約，可望降低風險。而在政治情勢上，非洲地區近年政變次數已趨緩，但西非地區仍在去年出現四次政變，蘇丹也出現一次流產政變，這是我國經貿人士投資非洲市場須多加注意的部分。

壹、前言

不同於其他研究，多以學者的角度對非洲進行討論，本人以實務界民間企業的角度和大家分享。非洲與中東國家是分不開的，例如現今會展經濟發達，若商人想要在非洲 55 國參加展覽，不如直接到中東國家參加會展，特別是杜拜，那邊聚集著非洲各種真正有實力的買家。

本文將以以下的五大主題進行討論：（一）協會運作與非洲商機開拓；（二）非洲疫情對市場衝擊與形勢評估；（三）非洲市場未來商機與挑戰；（四）如何看待非洲市場風險管理；（五）綜合評估與展望。

貳、協會運作與非洲商機開拓

臺灣非洲經貿協會（Taiwan-Africa Business Association, TABA）於民國 96 年至今已成立十五年，因非洲市場商機深具潛力，但苦於非洲資訊落後且取得困難，於是國內業者便建議成立廠商聯誼會，作為拓銷或投資非洲市場經驗交換及聯誼之平臺，於是 TABA 便誕生了。TABA 結合有志發展非洲各國業務之經貿人士與團體，以促進臺非經貿往來為宗旨，對內建立我商聯繫管道、加強聯誼互助、進行經驗分享及業務交流，並交換商機資訊；對外則協助臺商增強競爭力、擴大市場、開拓貿易、促進投資、保障臺商權益，以及提升臺商經貿地位。十五年以來，會員數穩定成長，即便在社會法人都不好生存的現在，也仍有企業陸續加入本組織，目前會員數已達兩百多家企業，且本組織長年與政治大學國際關係研究中心陳德昇研究員、中華經濟研究院、臺灣經濟研究院等學者及研究單位合作，增加學術研究相關資源。

「商通四海，足跡遍天下，別忘了非洲這一塊商業處女地」，是臺灣

非洲經貿協會的共識。臺灣非洲經貿協會每年會到非洲進行拜訪，對象包含政府團隊及相關協會組織，也曾與國內大專院校簽署 MOU 合作協議，協助大專院校對非洲進行招生，如政治大學、海洋大學、東海大學、淡江大學等學校。

透過前往非洲進行拜訪，可建立協會與非洲政府之互動關係，並促進當地政府對臺商之信任。過去曾拜訪之政府單位多數皆熱情迎接，且十分歡迎訪問團的來訪，可見非洲當地政府對我國臺商之重視。此外，透過到實地探訪可有效觀察當地市場現況與商機，建議若有想到非洲國家進行投資的臺商應先透過前往當地進行考察，才可掌握市場全貌。

參、非洲疫情對市場衝擊與形勢評估

很多人都會認為非洲落後、離臺灣很遠、天氣很熱，但其實大家都錯了。非洲氣候合宜，高溫也不超過 30 度，是十分舒服宜人的氣候，且非洲離臺灣距離不遠，時差差距不大，可謂臺商前往投資的一大良地。此外，也很多人仍對非洲抱持有戰爭、飢荒不斷等刻板印象，但實際上，現在非洲已經極少有動亂發生，僅有少數地區有武裝暴力或激進分子動亂。若抱持非洲落後、離臺灣很遠、天氣很熱這樣的想法，那你很可能就錯過了一塊充滿商機的地區，這個地區由 54 國家（也有人說 55 個）組成，具備 13 億人口數，是未來勞工人口的主要輸出地，2019 年成為 3.4 兆美元的經濟體系，這個地區就是非洲。

非洲很大，土地面積總和為 3,037 萬平方公里，可容納一個美國、加上一個中國及主要的歐洲國家，2021 年可望達到 13.73 億人口數。內部結盟主要有以下幾個經濟聯盟：（一）非洲聯盟 African Union（AU）；（二）非洲大陸自由貿易區協定 African Continental Free Trade Area

（AfCFTA）；（三）非洲經濟共同體 African Economic Community（AEC）；（四）西非國家經濟共同體 Economic Community of West African States（ECOWAS）；（五）南部非洲發展共同體 Southern African Development Community（SADC）；（六）東非共同體 East African Community（EAC）；（七）東部和南部非洲共同市場 The Common Market for Eastern and Southern Africa（COMESA）；（八）中部非洲國家經濟共同體 Economic Community of Central African States（ECCAS）。其中非洲大陸自由貿易區協定（AfCFTA）會員數最多、最大，整個非洲國家皆為其會員國，包含一直不願意加入其他經濟聯盟的奈及利亞，希望在七年內能促成會員國彼此之間貨物進出口免稅之目標。

非洲 GDP 總量排行最高的國家（參表 1）為奈及利亞，次之為埃及，因埃及阿卜杜勒 - 法塔赫・塞西（عبد الفتاح سعيد حسين خليل السيسي）總統果斷將埃及鎊降為 1：18，有效穩定貨幣價格，使商人不必再猜測匯率，也不必再至黑市兌換貨幣。此外，埃及人口數於 2020 年超過一億人口，具備眾多勞動力。第三則為南非，具備出超紅利，屬於可發展之市場。

表 1：非洲 GDP 排行前 15 國家（2020 年）

GDP 排名	國家	GDP $Billion	GDP/ Capital	USD 人口
1	奈及利亞（Nigeria）	466.88	2210	206139589
2	埃及（Egypt）	374.89	3610	102334404
3	南非（South Africa）	317.19	5240	59308690
4	阿爾及利亞（Algeria）	147.32	3331	43851044
5	摩洛哥（Morocco）	112.22	3121	36910560
6	肯亞（Kenya）	101.05	2075	53771296
7	衣索比亞（Ethiopia）	95.59	974	114963588
8	迦納（Ghana）	73.59	2374	31072940
9	坦尚尼亞（Tanzania）	64.12	1106	59734218

GDP 排名	國家	GDP $Billion	GDP/ Capital	USD 人口
10	安哥拉（Angola）	62.72	2021	32866272
11	象牙海岸（Côte dIvoire）	61.50	2281	26378274
12	剛果民主共和國（DR Congo）	46.06	457	89561403
13	突尼西亞（Tunisia）	39.23	3295	11818619
14	喀麥隆（Cameroon）	39.04	1493	26545863
15	烏干達（Uganda）	37.73	915	45741007

　　2019 年全球 GDP 成長率為 2.3%，在非洲地區，撒哈拉沙漠以南（簡稱撒南）非洲為 2.3%；奈及利亞為 5.9%；衣索比亞為 8.4%；烏干達為 6.8%，而 2020 年在新冠肺炎（COVID-19）疫情之下，全球 GDP 成長率呈現負成長，為 -3.6%，非洲同樣也受到影響，撒南非洲 GDP 為 -2.5%；奈及利亞為 1.5%；衣索比亞為 6.1%，烏干達則為 2.9%，兩者相較可見新冠肺炎疫情對非洲經濟的影響。

　　在前述情況下，代表整個非洲國家的非洲聯盟（African Union, AU）便提出以下相關建議，希望非洲各國走向更具彈性及包容性的轉型政策，加速 COVID-19 大流行後的復甦：

（一）持續支持衛生部門對抗 COVID-19

（二）有效利用貨幣和財政政策支持經濟復甦

（三）擴大社會安全網及救助，應對國民日益增加的困境

（四）積極擴大勞動力市場政策，為未來的工作重新配置勞動力

（五）鼓勵企業彈性轉型

（六）促進區域和多國合作，以加速和廣泛的經濟復甦

肆、非洲市場未來商機與挑戰

　　非洲市場因具備以下幾項優勢，是臺商前往投資的選擇依據：

● 豐富天然資源：非洲具備許多天然資源，舉凡金、鉻、鉑、鋁、磷等資源儲量，非洲在世界上占居首位，甚至剛果有 98% 的經濟成長皆來自礦產。

● 經濟協定－帶動投資：非洲大陸自由貿易區（AfCFTA）區域內 90% 產品將逐步降為零關稅。

● 進口需求旺盛：2019 年非洲自全球進口金額高達 5,773 億美元，學者預估在 2060 年非洲總人口將增至 26 億，中產階級將可達 11 億人，進口需求會越來越旺盛，商機也更多。

● 具有 3 億高消費力中產階層：非洲有高達 3 億人口的中產階級具備高消費力，商機無限。

● 都市現代化需基礎建設：非洲人口超過百萬的大都市超過 50 座，但基礎建設卻未能跟上人口成長，成為臺商可切入投資之項目。

● 具備 5 億充沛勞動人口：非洲共約 13.6 億人，年齡中位數僅 19.7 歲，具有高達 5 億勞動人口數，展現高度人口紅利，加上勞動力薪資低廉，可望成為下一個世界工廠。

　　而在商機方面，根據非洲臺商認為：臺商前往投資發展的產業（如圖1）。第一名為農、林、漁、牧業，因非洲當地基本產業較落後、人口數眾多，糧食品質及數量低落，臺灣在此部分具備許多經驗與優勢，若投入於非洲市場可望獲得許多利益；其次為製造業，依前段所述，非洲基本建設不足，因此急需製造業及排名第四的營建工程業之投入；第三為批發及零售業，非洲人口眾多，內需市場龐大，批發與零售成為主要商機之一；第四為營建工程業；第五則為運輸及倉儲業，非洲幅員廣大，交通建設不

發達，貨物流通成本高，因此對於此行業的需求所產生的利益也相當可觀。

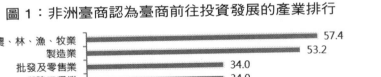

圖 1：非洲臺商認為臺商前往投資發展的產業排行

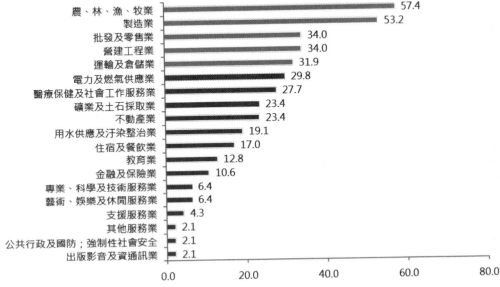

根據南非的投資銀行 RMB（Rand Merchant Bank）報告，以下為非洲十個最值得投資的經濟體，可結合上述商機並搭配商業旅行，進而選擇合適自己的投資地與投資項目：

一、埃及

二、摩洛哥

三、南非

四、盧安達

五、波扎那

六、迦納

七、模里西斯

八、象牙海岸

九、肯亞

十、坦尚尼亞

　　若是第一次前往非洲投資，建議可往臺商較多的南部非洲、奈及利亞或外國投資較多的埃及切入：

一、南非（2019 年外國投資占非洲 20%）：非洲第二大經濟體，承襲英國法律保障制度，氣候相近臺灣，土地便宜，適合臺灣農業、養殖業前往（已有臺商多元經營塑膠、營建、紡織、布料、批發零售等行業）。

二、賴索托：適用美國「非洲成長暨機會法」（African Growth and Opportunity Act，簡稱 AGOA），紡織品出口美國有關稅優惠，工資便宜，適合紡織業、製鞋業（臺商以運輸、汽車零配件、紡織等為主）。

三、史瓦帝尼：邦交國，政府訂有投資補助辦法（臺商以紡織為主）。

四、奈及利亞（2019 年外國投資占非洲 7%）：非洲第一大經濟體，位處西非，人口 2 億，石油、天然氣豐富，另有臺商正籌設「亞太工業園區」，有助臺商進入（臺商以輪胎進口、橡膠、汽機車零件等為主）。

五、埃及（2019 年外國投資占非洲 20%）：位處北非，鄰近中東、歐洲市場，近年積極發展製造業，對臺灣之機械、汽車零件、食品機械、塑膠機械等產品需求高，政府因空汙嚴重鼓勵發展電動車（臺商以紡織成衣為主）。

　　統整非洲的機會與挑戰，可分為以下幾點，可供想前往非洲投資的臺商參考：

一、在機會方面：

（一）非洲國家勞動力充足

（二）土地取得容易

（三）適用歐美特殊優惠政策

（四）政策穩定性

（五）經商前景與潛力

（六）投資優惠政策

二、在挑戰方面：

（一）產業鏈不完整

（二）外匯管制及匯率風險

（三）社會治安問題

（四）政經情勢不穩定

（五）當地經濟條件差

（六）欠缺團隊

（七）政府行政效率不佳

伍、如何看待非洲市場風險管理：暴動、政變與疫情

　　非洲近一年來發生的政變不多，以下為較具影響力的地區政變事件，可供參考：

一、尼日（2021/03/31）：非洲西部的尼日（Niger）在總統宣誓就職前夕，總統府附近傳出激烈槍響。一名安全部門消息人士透露，3 月 31 日凌晨發生一場「未遂政變」，已逮捕參與的軍人，局勢已獲得控制。

二、馬利（2021/05/24）：馬利軍方 24 日發動政變，將總統恩多、總理瓦內與國防部長等人逮捕，並帶離首都巴馬科。這是馬利 2 年來第 2 度政變，近 10 年來第 3 度政變。上次政變（2020/08/29）是民意不滿下，軍方發動政變將時任總統凱塔推翻。外界推測，這次可能是因為軍方

內部的權力爭奪問題。

三、史瓦帝尼（2021/06/28）：史瓦帝尼政局一向相當穩定，在 2021 年 6 月 28 日，當地出現的反君主政體示威行動也偏向低調，但是在 28 日卻突然升溫成暴力衝突。示威群眾走上史瓦帝尼兩大城市，姆巴巴內（Mbabane）與曼濟尼（Manzini）街頭，要求進行政治改革。

四、南非（2021/07/8）：自 7 月 8 日以來，南非因前總統祖馬（Jacob Zuma）遭腐敗指控且被判藐視法庭入獄，在多地引發騷亂。在大規模洗劫和暴力事件中，有至少 212 人死亡，2000 多人被逮捕。

五、幾內亞（2021/09/05）：西非國家幾內亞特種部隊 5 日發動政變，宣布推翻總統顧德接管政權，暫停實施憲法、關閉國境並實施宵禁，還下令所有內閣成員六日必須參加他們召開的會議，否則將被視為叛徒。

六、蘇丹（2021/09/21）：蘇丹政府在 2021 年 9 月 21 日發表已經阻止政變的消息，這群策畫者曾企圖占領國家電臺，甚至將坦克車公然開上街道，讓路過民眾都相當訝異，而由於這場政變行動宣告「未遂」，幾名高級官員和士兵也都遭政府逮捕。

陸、綜合評估與展望

綜上所述，針對非洲市場提出以下幾點評估與展望：

一、利用非洲大陸自由貿易區（AfCFTA）：把握此一大經濟體與其政策推動，利用該經濟體推出之福利，推動在非洲的產業發展。

二、非洲人口紅利（約 13.6 億人），年齡中位數僅 19.7 歲：有效利用低廉且龐大的勞動力，可降低成本並提高產量。

三、促進人才培養及交流：促進臺非兩地的人才培養與交流，積極招攬非

洲學生至臺就學，並鼓勵臺灣青年前往非洲觀摩實習。

四、政府已對醫療、農產及食品加工、汽配、機械及工具機、電商、綠能及紡織等七大產業加強產業合作及經貿關係。目前政府正推動「非洲計畫」，應把握機會，前往非洲開發市場。

五、展團行銷：透過展團進行行銷，提高利潤開發商機。

六、與在地臺商合作創造多贏：與已於在地投資經商之臺商進行合作，創造臺商多贏局面。

七、充分利用轉融資銀行：利用非洲可信賴之轉融資銀行，在具有保障的情況下增加資本額與資金流通。

非洲外援策略：反思與前瞻

劉曉鵬

（政治大學國家發展研究所教授）

學歷

● 美國芝加哥大學歷史學系博士

現職

● 政治大學國家發展研究所教授

經歷

● 政治大學副教授、國家發展研究所所長、國際學程主任

● 新加坡南洋理工大學助理教授

● 華府戰略及國際研究中心（CSIS）副研究員

摘要

　　本文以「非洲外援策略：反思與前瞻」為題，分析兩岸對非洲之外援政策規畫。首先提及中國對外援助的起源。二戰後殖民主義逐漸失勢，各地民族獨立運動風起雲湧，非洲成為最多新生國家的地區。而中共建政後，在意識形態大旗下，於國內推動許多基礎建設，為了爭取國際支持，也協助新興國家建設，周恩來在 1963 年底前往非洲訪問十國，並於 1964 年初於迦納宣布「對外經濟援助八項原則」。由於中國的確發揮國際影響力，援非策略當時被認為有成效。

　　但援助也造成國家建設嚴重的負擔，使鄧小平抱怨：「許多朋友躺在中國身上過日子」，加上 1980 年代中國經濟改革開放與國內需要建設經費，因此必須轉型。在這些考量下，副總理李先念將援外改革簡稱為「要給也要撈。」1983 年總理趙紫陽在非洲宣布「經濟技術合作四原則」：平等互利、講究實效、形式多樣、共同發展。共同發展的內涵就是雙方都要從援助中獲利，而賺錢的基本就是要減少贈與。即使有贈與，目的也是要把大陸的產業推到非洲，利用建設與承包經營概念，在引入大陸企業的前提下提供非洲援助。今天中國推動「一帶一路」政策，就是中國對非洲援助轉成投資的經驗延伸，提供外交與商業策略的另一種思路。

　　1960 年代在聯合國席位與冷戰需求的背景下，臺灣開始對非洲援助，也贏得許多友誼和認同。臺灣能提供的援助，以從日本殖民時代以來，最熟悉的農業技術為主，而該技術就是以臺灣熟悉的稻米為核心。然而許多農業傳奇無法躲避非洲農業環境的挑戰，故成果往往隨援助結束而沒落。外交寄託在友邦對無償援助的感謝上，直到如今臺灣仍時常強調仁愛關懷、無私援助，很少想到利用援助之名，打開非洲市場。臺灣若有意改變現有援助架構，推動永續性的政經關係，應考慮援助工作由企業主導，導入市場理念，或能開創新格局。

壹、前言

2013 年，中國開始倡議「一帶一路」，中國不但對許多發展中國家提供基礎建設，也為此建設提供融資，規模之大使其成為全球熱門議題。然而，追溯其歷史，這並不是忽然出現的新策略，而是 1980 年以來外援策略在非洲演變的結果。中國從官方援助演變成帶動投資的經驗，值得臺灣參考。

貳、中國對外援助的起源

二戰後殖民主義逐漸失勢，各地民族獨立運動風起雲湧，特別是在非洲，迅速成為最多新生國家的地區。而以反殖民主義、反帝國主義為號召的中共建政之後，在意識形態大旗下，一方面在國內推動許多基礎建設，另一方面為了爭取國際支持，也協助新興國家建設。而需要建設的新興國家的組成，多為剛經歷殖民統治的有色人種，與他們合作有利中國地位，因此進一步形成「有色人種大團結」甚至「黑人兄弟」的論述。

在意識形態大旗下，當時的協助十分帶感情。周恩來在 1963 年底前往非洲訪問十國，並於 1964 年初於迦納宣布「對外經濟援助八項原則」。[1]

---

1 第一，中國政府一貫根據平等互利的原則對外提供援助，從來不把這種援助看作是單方面的賜予，而認為援助是相互的。
第二，中國政府在對外提供援助的時候，嚴格尊重受援國的主權，絕不附帶任何條件，絕不要求任何特權。
第三，中國政府以無息或者低息貸款的方式提供經濟援助，在需要的時候延長還款期限，以盡量減少受援國的負擔。
第四，中國政府對外提供援助的目的，不是造成受援國對中國的依賴，而是幫助受援國逐步走上自力更生、經濟上獨立發展的道路。
第五，中國政府幫助受援國建設的項目，力求投資少，收效快，使受援國政府能夠增加收入，積累資金。
第六，中國政府提供自己所能生產的、品質最好的設備和物資，並且根據國際市場的價格議價。如果中國政府所提供的設備和物資不合乎商定的規格和品質，中國政府保證退換。
第七，中國政府對外提供任何一種技術援助的時候，保證做到使受援國的人員充分掌握這種技術。
第八，中國政府派到受援國幫助進行建設的專家，同受援國自己的專家享受同樣的物質待遇，不容許有任何特殊要求和享受。

這八項原則深刻顯示北京對非洲的無私，而在實際運作上，以 1967-1976 年修築的坦贊鐵路最為知名。這條近 1900 公里的鐵路消耗了當時中國超過十億人民幣（當年約為 2.45 人民幣兌 1 美元，相當今日約 25 億美元），與五萬五千人次工程人員投入。無私援非的策略在當時被認為十分成功，連毛澤東都說中國進入聯合國是黑人兄弟抬進去的。然而，恢復聯合國席位的中國，在外援上所付出的代價龐大。即使幾乎不計勞力成本，援助預算就已達全國總預算百分之七，成為國家建設嚴重的負擔。

中國成為聯合國安全理事會常任理事國後，毋需再不惜代價提升國際地位。到了 1979 年北京與美國建交，進一步解決與西方世界改善關係的最後一道障礙。然而，與美國為首的西方友好，暗示的也是為了爭取投資、促進發展，過去的反殖反帝熱情告一段落，與黑人的兄弟情誼也必須調整。

參、中國對外援助的轉型

意識形態改變加上國內需要建設，原來贈與式維持友誼的模式必須要調整。鄧小平就抱怨，中國在援助上熱心過度，使許多朋友躺在中國身上過日子。贈與常造成依賴，依賴常進一步形成浪費。由於仰賴中國贈與，受援者配合能力受限，使得許多中國的援助項目常在移交之後迅速傾頹，形成巨大浪費。然而，中國終究是大國，為了維持國際地位，援助亦不可少。

在這些考量下，副總理李先念援外改革簡稱為「要給也要撈」。其具體對外訴求，在 1983 年由總理趙紫陽在非洲正式宣布「經濟技術合作四原則」：平等互利、講究實效、形式多樣、共同發展。文雅的辭彙下，看似與過去強調平等與合作核心差別不大，但除了文字減少很多，給「講究實效」、「形式多樣」留下彈性解釋空間。更重要的是，周恩來時期帶有

些許上位意涵的「援助」一詞已消失，取而代之的是與其「共同發展」。

　　共同發展的內涵，就是雙方都要從援助中獲利，而賺錢的基本就是要減少贈予成分。即使有贈予的成分，目的也是把大陸的產業推到非洲。而已提供的贈予式援助項目，有鑒於常在建設後廢棄，常由大陸企業代替受援國管理經營。隨著建設與承包經營，大陸企業在非洲擴張，到 1980 年代末，已在四十多個國家承包二千多個項目，這些項目同時也動用了數千名技術人員，使非洲成為大陸企業國際化的第一步。

　　意識形態的改變不僅在政治經濟上，在種族上也有其意義。過去由於黑人兄弟較為落後，需要中國提供無私的協助。改革開放後論述也改變，黑人兄弟身分與過去不同，成了黑人兄弟較為落後，因此不會利用中國技術，形成浪費，若由中國人在非洲推動中國技術容易獲利。上述許多代非洲國家經營中國援助項目的紀錄，就充滿了非洲人用中國技術賺不到錢，由中國人承包就獲利，又有助非洲發展經濟的宣傳故事。

　　賺錢的方式無所不包。對於借貸建設又無法還款的受援國，普遍的處理方式是債務變成股份，由陸方企業取得營運權，援助資金就變成海外投資。另外，也隨時把握機會擴大援助帶來的商機。我國前邦交國甘比亞曾向大陸借貸要蓋一個體育場，大陸將貸款用來派遣自己的工程公司前往興建，一方面取得體育場的經營權，利用大部分時間不使用的選手休息室經營旅館。另一方面工程公司也不浪費器械，藉機到甘比亞承包其他工程，等於藉援助擴展海外建築市場。

　　又如大陸與馬拉威建交後，毫不考慮臺灣原來習慣的稻米與玉米等糧食作物當援助，因為經濟作物的市場獲利高，故用棉花取代。這個援助實際上是政府補貼青島的棉花公司到馬拉威投資，若說其中有任何對馬拉威的贈予，可能只有公司提供一點研究工作供本地人才學習中國技術。然而，其雇用的千餘名工廠勞工與數萬簽契作合約農民，成為中國振興馬拉威經

濟的好宣傳。

肆、「一帶一路」與債務陷阱

　　從官方支持貸款、市場擴張、政治宣傳等角度看，習近平的「一帶一路」，其實就是繼周恩來、趙紫陽的腳步，是中國從援助到經濟合作的進階。六十年前，中國在援助概念下，贈送金錢與技術。四十年前，中國的援助開始減少免費贈送，把有限的金錢與技術以互利為基礎，轉成推向國際市場的力量。當今「一帶一路」則只有互利，完全沒有援助的色彩。

　　中國在世界各國都需要基礎建設的背景下，出售自己的技術，而對無法負擔資金的國家，也提供銀行借貸，做進一步擴展世界市場的準備。在此結構下，不難了解北京在這個政策下在商言商的原則。對北京而言，無論是優惠信貸或融資，都需要歸還，其態度可參考環球時報對東加王國以優惠信貸的方式向中國借 1.17 億美元卻試圖賴帳的回應：「有借有還，再借不難，有借無還，再借免談，沒幾個國家能承受得起信用破產的後果。」北京不輕易豁免債務，展現在全球最熱門的議題就是與斯里蘭卡的借貸關係。該國向中國借款購買中國基礎建設，之後因營運效率差而無法還債，北京又拒絕取消債務，只好將許多中方承建的基礎建設交給中方企業經營抵債。

　　這也是「債務陷阱」一說的由來。在許多西方媒體眼中，北京似乎刻意把資金借給窮國，再以對方無法償付為由，占有對方建設。實際上這是大陸在 1980 年代外援改革後處理許多受援國賴債問題的方法，更是大陸不隨便勾消欠債的明證。欠債還錢天經地義，但是西方對中國討債行為的批判，似乎特別寬容不負責的借貸者。

　　國際間許多國家，特別是有被殖民經驗的國家，受不同歷史經驗影響

經濟，造成今天債信差而不容易獲得融資，由於這些國家仍然需要基礎建設，因此中國被視為願意借貸給此類信用較差的國家的金主。這類客戶多半風險高，故利息常也較高。北京在實際運作也沒有讓資金離開中國大陸，而是將借貸的款項直接匯給中國公司，由他們提供給借貸國工程服務。但中國終究是投下重金為借貸國建設，因此還不出錢時，必須以實物抵債。持平而論，日常生活中，銀行若有類似抵債行為，很少因此受責難，北京要求借貸國抵債卻被認為是陷阱。這樣的兩套標準，很明顯地受到政治影響。

政治影響不僅指西方的雙重標準，也有習近平個人風格。由於非洲許多國家債信不佳，原本中國官方對非洲投入資金較為保守，在江澤民與胡錦濤時代，十餘年間謹慎地調升到最高三年 200 億美元（2012-2015），但習近平在 2015 年以「一帶一路」為名，將額度倍增至 600 億美元（2015-2018）。即使中國擴大了與非洲的經貿關係，但也擴大了非洲的債信問題。非洲國家獨立之初，曾向西方國家主導的金融機構貸款推基礎建設，但效率不佳又受到討債壓力，即以「新殖民主義」批評西方債主，現在同樣的場景似乎又在中非關係中重演。

非洲國家容易從中國借錢，無法償債時，卻對中國尖銳批評。政治與效益的考量使得中國對非洲的貸款在 2019 年開始大幅下降，等於實質上限制一帶一路在非洲的發展。而隨著疫情中國擴大，影響到非洲經濟，使得許多貸款國對減免債務更是振振有辭。中國在非洲已累積約 1500 億美元的舊債如何收回，在中國經濟下滑的時刻，不僅是中非關係，也牽涉中國內政。「債務陷阱」已不像是中國給非洲國家的圈套，而是中國難以解決的困境。

非洲被認為是貧窮與弱勢的象徵，這個象徵在中非關係中可以成為西方的責難，也可成為中國的市場，更是中西方在債務問題上的共同困境，

對臺灣而言，應該汲取哪一種經驗？

伍、反思臺灣援助

　　1960 年代在聯合國席位與冷戰需求的背景下，臺灣開始了對非洲的援助。臺灣初期的財力並沒有對非洲援助的條件，因此資金由美國私下提供。而臺灣能提供的援助，以從日本殖民時代以來，最熟悉的農業技術為主，而該技術自然也以臺灣和日本熟悉的稻米為核心。

　　臺灣需要大量出現的非洲獨立國家政治支持。然而，非洲從北到南都有不同的氣候與地理環境，因此就出現臺灣即使在撒哈拉沙漠，也拚命要種出稻米的奇特景象。無論氣候條件如何也要種出稻米，顯示臺灣在當時考量較多的是政治威望，成本效益與非洲農民的實際需求並非主要考量。

　　在政治考量下，1960 年代出現了諸如「非洲先生」楊西崑等特殊外交人員，更有用稻米改變非洲飲食習慣等農業神話。非洲當時的確是臺灣在國際上的重要支持，但所有複雜的政治原因，被簡化成臺灣的農業神技受到非洲人的崇拜，因而支持臺灣在聯合國常任理事國的席位。

　　基於種族主義，當時的環境臺灣企望受尊敬，而也只有黑膚色人符合這個崇拜的想像，滿足臺北政治需求。另外也基於種族刻板印象，早年臺灣援非的報告中充滿了對非洲人貪懶髒笨等形容詞，即使到了廿一世紀，臺灣的官方出版品，仍然會形容臺灣的技術與勤奮的人員，如何治好非洲的懶人病，獲得農神的稱號。無論是政治或種族地位的想像，都延緩了臺灣對國際現實的認識。

　　援助造成階級，階級再進一步催眠自己，忽略發展需求。陶文隆曾在外交部非洲司服務多年，擔任過我國駐布吉納法索大使與「國合會」秘書長。他指出「援外戰果裡面許多都是神話」，批評「不重實質，一個計畫

每年平均都要投入 30 萬美元……受益農民，很少超過百人，農業產值不到當地農業產值的千分之一」，甚至「加入援助計畫的農民，連兩代都是貧農」，但「援外計畫建案多傾向農、漁場，以便於展示援外成果。」他更舉甘比亞為實例，指出我國 1996 年開始援助蔬果種植，僅 2010 － 2013 年間即投資百餘萬美元，但 20 年來僅開發 3.6 公頃農場，受益農民 90 人。

　　一甲子以來，臺灣有許多農業傳奇，這些故事甚至成為童話故事。傳奇雖多，臺灣仍無法躲避非洲農業環境的挑戰，故成果往往隨援助結束而終結。即使如此，外交仍然寄託在友邦對無償援助的感謝上，相當於中國 1980 年代前的思維。直到如今，臺灣領導人時常強調仁愛關懷、無私援助，很少想到利用援助之名，打開非洲市場。

　　缺乏實質經貿關係，是數十年來臺灣與非洲邦交國基礎不穩最大因素。臺灣可以考慮模仿中國的做法，以國家力量在邦交國尋找市場。合作的項目應由企業家決定，投資以獲利為目的，因為有獲利才有永續發展，促進就業才是真正的仁愛關懷。投資當然會有風險，但也是不能不走的趨勢。以中國經驗來看，政府的工作就是協助企業家把風險降到最低。

　　至於西方國家與中國在非洲遭遇的批評，則不太可能發生在臺灣與非洲關係。臺灣很難出現習近平式的大手筆人物，考慮每年的預算規模與邦交狀況，拓展市場的結果最多只能稱為商務糾紛，很難成為債務陷阱或新殖民主義的批評對象。倘若真受到類似批評，那代表與非洲的經貿拓展獲得很大進展。

陸、結語

　　世界上沒有國家能靠援助而得到發展，發展必須走投資的道路。這就是為什麼國際上雖然時常聽到對中國援助工作的批評，卻未減對中國的需

要。關鍵在於中國的援助，乃基於投資貿易為目的，有帶動經濟的成效，因此許多需要政績的國家領袖，仍選擇加入中國的計畫。中國的援助經驗就是經貿擴張，隨著時間演進，演進成今日的「一帶一路」。即使面對新殖民主義等批評，卻無阻其吸引力。

　　中國的政策瞄準的是社會與政治結構有其風險，又缺乏基礎建設的發展中國家，因此投資與貸款都應以審慎為佳，而習近平上臺之後卻反其道而行。在非洲的擴張反而使得債務問題更為明顯，債務逐漸上升為政治問題的同時，疫情更使得中國無法用商業模式解決債務問題，為「一帶一路」的非洲發展蒙上陰影。中國是非洲最大的債主，也可能將是非洲債務最大的苦主。

　　臺灣在附和許多西方國家對中國「債務陷阱」的批評時，同時也應反思，除了抱怨北京打壓，自身政策是否還有可以修改之處？中國 1980 年代之後，最值得參考的觀念就是把落後視為開發契機。基於自身發展經驗與對非洲的刻板印象，非洲往往被視為致富契機。臺灣對非洲也有刻板印象，惟在國內則常將非洲視為救助對象。

　　在此視角下，多年來援助均由政府領導，以贈與為基礎，少有經貿投資的效果，也無法帶動國內廠商，更難有助友邦經濟。經濟上的互惠互利，必然是政治關係的重要基石。臺灣若有意改變現有援助架構，推動永續性的政經關係，就應考慮在援助工作上由企業來主導，而中國的轉型經驗可做參考。

拓展非洲市場布局與策略

邱揮立

（中華民國對外貿易發展協會市場拓展處處長）

學歷

● 日本國立九州大學比較社會文化學府博士候選人

現職

● 中華民國對外貿易發展協會市場拓展處處長

經歷

● 中華民國展覽會議暨商業同業公會（TECA）理事長

● 2010 年上海世博會臺灣館館長

● 臺灣貿易中心上海代表處首席代表

摘要

此文以「拓展非洲市場布局與策略」為題，分析非洲地理、文化背景，進而探討臺商拓展非洲市場策略。以往大多數人對非洲的刻板印象是非常貧瘠、黑暗的地區，但其實近幾年非洲經濟發展快速，主要城市景觀早已如現代大都市般高樓林立。臺商應以新角度去看待非洲市場，才有機會在歐美強國環伺下找到新商機。

臺商中小企業若欲進軍非洲市場，應先瞭解以下幾項背景，建立對非洲的基本認識：首先在地理方面，非洲大陸地緣廣大，美國加中國大陸面積都沒有辦法與之匹敵，可見非洲土地面積之大；再者文化層面，非洲具悠久的歷史文化底蘊，從早期非洲原住民開始，加入穆斯林文化，再到1950年代殖民時代開始，加入荷、英、法等文化，形成現在多元文化及語言的非洲地區；第三在資源方面，非洲自然資源豐富，特別是礦產部分，鉑、鎳、金及鑽石等皆占全球儲量的 50% 以上，更有豐富的石油資源，十分具有投資前景；第四則是非洲市場現況，其新創科技事業開始發展，許多新創產業在此處萌芽茁壯，特別是金融、電商及數位科技方面；最後針對非洲主要投資國家，因殖民背景，目前非洲主要投資大國依序為荷蘭、英國、法國、美國及中國等五個國家，可見殖民經驗對非洲造成的影響，也可從此推知非洲市場概況。

透過各項目提供非洲背景知識，並輔以非洲各國經濟成長率（GDP）歷年數值波動趨勢，可成為臺商前往非洲國家的基礎知識。另加上透過現有臺灣在非洲的臺商協會協助，相信可減少臺商進軍非洲的阻礙與風險。

壹、前言

中華民國對外貿易發展協會（以下簡稱外貿協會、貿協）從 30 多年

前便開始拓展非洲市場，在協助臺灣企業拓展非洲市場時，建議業者應先從認識非洲開始，一般人對於非洲市場的認知大多是從報章雜誌、網路等媒體得知，因此多數臺商仍對非洲市場的了解並不深入。本文對有意前往非洲發展的企業建議是，事前應做好充足的準備，所謂「知己知彼，百戰百勝」，不了解當地風貌則無法順利拓展投資經商事業。因此本文首先從介紹非洲環境開始，進而分析各國勢力在非洲的影響與經商脈絡等，引導各位認識非洲，準確切入市場，最後介紹外貿協會非洲市場拓展策略，及政府部門未來非洲市場戰略布局。

貳、非洲市場面面觀

一、非洲地理介紹

　　大家都知道「非洲」，但對於非洲的了解卻不深刻，甚至不了解非洲面積有多大。非洲目前共有 54 個國家（也有國家認為是 55 個國家），但非洲大陸總體面積有多大呢？如果將世界的幾個大國如中國大陸、美國、西歐等地區皆放入非洲大陸的地圖上（參圖 1），還無法塞滿這塊土地，可見非洲面積的遼闊。由於非洲面積廣大，跨國間交通基礎建設較落後，花費在交通上的時間及成本極高，所以當臺商前往非洲拓展市場時，必須先了解要去的國家，掌握當地地理位置及交通情況，才能順利安排交通路線及時間規畫。

二、人文歷史背景

　　許多人對非洲的刻板印象是十分落後的地區，但其實非洲擁有豐富文化內涵，如摩洛哥王國的卡魯因大學，創建於西元八百多年，為世界最古

圖 1：非洲大陸面積對比圖

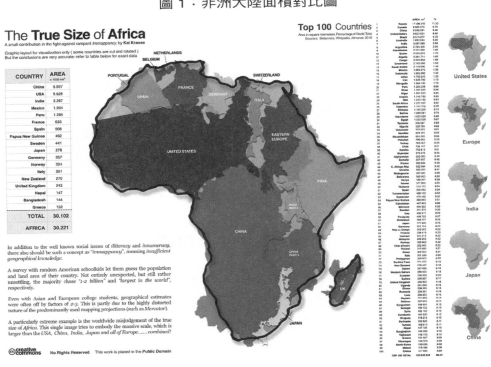

老的大學。

　　早在七世紀，阿拉伯人便進入現今的北非地區，並帶入伊斯蘭教文化，因此，目前北非地區的國家大多屬於伊斯蘭教派，國民多為穆斯林，幾乎都使用阿拉伯語；此外，非洲因過去被歐洲各國殖民統治多年，殖民國文化已深植非洲，如西非地區，因曾是法國殖民地，因此目前法語系國家最多；南非地區則受英國及葡萄牙殖民文化影響最深，因此南部非洲各國多屬英語系、葡萄牙語系為主；東非地區則是受德國及英國殖民文化所薰陶，這裡的多數國家多為英語系國家。從六、七世紀開始，一直到十四、十五世紀，非洲地區因長期被不同國家殖民，導致非洲區域內呈現錯綜複雜的生活文化圈分布，且原殖民國直到現在對各國政治運作與市場經濟仍有相

當影響力。若不了解這些當地文化將很難打入當地市場。

三、礦產豐富

　　非洲自然資源也非常豐富，包含：鈷、鎳、金及著名的鑽石等，其中非洲蘊含的鈷、鎳、金含量占全世界的 50% 以上，因此自然資源也是臺商可拓展的面向。在十四世紀有個關於非洲黃金的小故事，當時西非馬里帝國的曼薩‧穆薩國王（Mansa Musa），是歷史上著名非常富有的國王，有一次國王到麥加去朝聖，隨行帶了六萬人同行，同時也帶了很多黃金一路揮霍，中途在埃及待了三個月，沒想到因此導致在埃及市場流通的黃金突然暴增，也讓埃及金價跌了很多年，可以想像當時國王帶了多少黃金出門，僅三個月的時間影響埃及金價數年。而到現代，天然資源仍是很多非洲國家的經濟命脈，但近年非洲礦產快速開發，使得非洲國家也擔心未來自然資源消耗殆盡後，經濟該如何拓展，這也是非洲各國目前面臨的重要課題。

四、現代非洲

　　很多人可能會以為落後的非洲，夜晚一定是夜深人靜，但其實並不是這樣的。例如奈及利亞的拉哥斯為非洲第一大城市，共有九百萬人口，這裡夜生活燈紅酒綠，其實與臺灣並無太大差異，甚至比臺灣許多鄉鎮更熱鬧。此外，整個奈及利亞人口眾多，電影產業發達，在美國有好萊塢，印度有寶萊塢，而奈及利亞則有奈萊塢之稱。整體而言，非洲的產業仍然落後，但有部分國家，如南非、摩洛哥汽車製造業發達、肯亞有自己的汽車品牌，衣索比亞也具備自行維修飛機的技術，多數城市景觀已今非昔比，有許多非洲國家也有新創產業，經濟發展超出國人的想像。

五、世界各國在非洲的投資布局

圖2：世界各國投資非洲布局

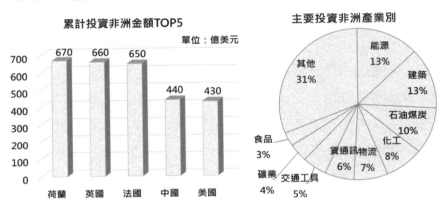

從圖2中可見，目前在非洲投資金額最高的國家是荷蘭，其次是英國、法國、中國、美國等，這些國家在非洲的發展多以重工業、石油及煤礦等為主，會呈現此種投資分布，與前述歐美各國在非洲的殖民歷史有關。荷蘭、英國、法國等國皆曾經長期殖民非洲，因此在結束殖民退出非洲時，都留有許多殖民遺產在當地，也有許多當時隨著母國過去非洲經商或從政的白人，選擇留在非洲發展。

此外，也可發現印度人與黎巴嫩人在非洲發展的足跡，雖然無法像歐美人士掌握大型產業經濟動脈，但當地有許多中小型商店、超市，皆多為印度人與黎巴嫩人所經營，此種現象非常值得臺商參考，臺灣經濟以發展中小企業為主，臺灣也無法像歐美各國一樣掌握那麼龐大的資源，且民生產業係為臺灣專長，應可從在非經商之印度及黎巴嫩人中獲取經驗。以下介紹印度、黎巴嫩及中國在非洲的經商及人口分布情形：

（一）印度人在非洲

　　印度人進入非洲可追溯至 1652 年殖民時代，荷蘭人引進印度人開始，而後英國也引進印度工人投入非洲基礎建設及農耕工作，使得印度裔人口在非洲快速成長。據世界經濟論壇統計，印度裔在非洲的人口數超過三百萬人，荷、英、美等國皆比不上印度裔在非洲的人口數，且多聚集在東非及南非地區，如肯亞、烏干達、坦尚尼亞等國家，甚至有東非印度移民協會；而在南非的德班市（Durban），印度裔人口甚至超過一百萬人，可見扎根非常之深；近年在西非也可見印度裔經商的足跡，如在迦納的大型連鎖超市 Melcom Group 就是由印度商投資經營的，全國共計有 33 個連鎖賣場，規模極大。上述可見印度人在非洲的勢力極廣，對當地市場的掌握跟我們想像中的是完全不同。

（二）黎巴嫩人在非洲

　　世居於象牙海岸的黎巴嫩人共計約八萬人，僅占象牙海岸總人口 2,420 萬之 0.3%，但卻掌控該國 40% 經濟動能。成立於 2010 年的象牙海岸黎巴嫩商工會，共計有 273 家公司會員，總營業額高達 32 億美元，並雇用象牙海岸國內三十萬員工，可貢獻象牙海岸全國 8% GDP 以及 15% 稅收，可見黎巴嫩人對象牙海岸之影響力。

（三）中國「一帶一路」在非洲的發展

　　中國這幾年在非洲推動「一帶一路」政策，投入大量資源，深耕非洲市場，像是西非國家經濟共同體（Economic Community of West African States，ECOWAS）設在奈及利亞首都阿布賈（Abuja）的總部、非洲聯盟（African Union）設在衣索比亞的阿迪斯阿貝巴（Addis Abeba）的總部，

皆為中國花費幾十億元為非洲建設的，此外包含對埃及的新首都計畫資助也是中國推行一帶一路政策下的計畫之一。

　　本人曾經在一次出差到衣索比亞，下飛機時由巴士接駁至航廈途中，令人印象深刻的是，在路上看見地面水溝蓋上就寫著「北京鑄鐵」，顯示中國在非洲當地著墨很深，造橋鋪路，隨處可見中國耕耘痕跡。

　　除了大樓建築外，還有交通建設。例如肯亞蒙巴薩（Mombasa）至奈洛比（Nairobi）的蒙奈鐵路（Mombasa–Nairobi Standard Gauge Railway），中國提供的協助除了硬體建設外，還包含如車票系統的建置及人力訓練等營運項目，從頭包到尾，此點可成為我國在非洲市場投資的參考。

　　除政府介入之大型建設之外，記得有一次在安哥拉，開了兩個小時的路程，沿路所見都是沙漠，突然之間看到前方有一大片房子，導遊介紹說那是中國城，現在這邊的居民民生雜貨批發或零售都往這邊集中，可見中國不論在政府大型建設標案，或一般民生經濟市場都積極投入，是臺灣在非洲市場面臨的最大挑戰。

（四）臺商在非洲布局情況

　　這些年來有許多臺商前往非洲市場進行投資，從圖 3 可見，如阿爾及利亞、埃及、衣索比亞等非洲國家皆有臺商的布局與投資，投資產業涵蓋海運、科技業、紡織成衣及塑膠廠等，大多以生活用品及食品製造為主，與世界大國所做的國家基礎建設不太一樣。

圖3：臺商在非洲布局情況

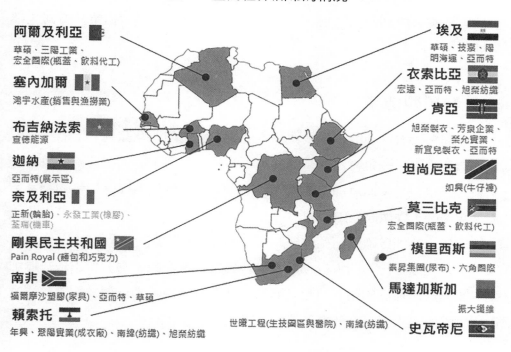

阿爾及利亞
華碩、三陽工業、
宏全國際(瓶蓋、飲料代工)

塞內加爾
鴻宇水產(銷售與漁撈業)

布吉納法索
宜德能源

迦納
亞而特(展示區)

奈及利亞
正新(輪胎)、永發工業(橡膠)、
荃瑞(機車)

剛果民主共和國
Pain Royal (麵包和巧克力)

南非
福爾摩沙塑膠(家具)、亞而特、華碩

賴索托
年興、惡陽實業(成衣廠)、南緯(紡織)、旭榮紡織

埃及
華碩、技嘉、陽
明海運、亞而特

衣索比亞
宏遠、亞而特、旭榮紡織

肯亞
旭榮製衣、芳泉企業、
榮允實業、
新宜兒製衣、亞而特

坦尚尼亞
如興(牛仔褲)

莫三比克
宏全國際(瓶蓋、飲料代工)

模里西斯
素昇集團(尿布)、六角國際

馬達加斯加
振大纖維

世曦工程(生技園區與醫院)、南緯(紡織)

史瓦帝尼

參、非洲未來成長的關鍵

　　非洲經濟發展，近年除了 2020 年因受到新冠肺炎（COVID-19）影響，導致經濟受損外，非洲經濟每年都在快速成長，預計在未來二十年之內，僅非洲地區之勞動人口便可超過全世界其他國家勞動人口總額，推估到 2040 年，世界將有超過一半的勞動人口會來自非洲。

　　這兩年全球供應鏈重組，是一大趨勢，因美中貿易戰使得許多工廠選擇從中國移出。過去全球化的布局已不復存在，其後，新冠疫情更加速了供應鏈轉移的速度。企業為了降低成本往往會選擇在同一個地方進行生產與組裝，但現在為了分散風險，減少衝擊，供應鏈將走向區域化，將來除

了中國外，非洲也會被納入考慮，非洲經濟成長趨勢會因此更加速。因此，發展製造業將成為非洲未來成長的關鍵之一，以下將從製造業及新創產業發展介紹。

一、發展製造業

　　非洲經濟發展至今，很多非洲本土企業家也開始意識到，不能一直依賴出口原物料，一定得發展製造業，才能持續發展下去。奈及利亞首富阿里科‧丹格特（Aliko Dangote）即曾指出：「一個只出口原物料的國家是無法賺錢的，要做成品出口國。」

　　近年，非洲各國已開始改變政策，例如迦納提出「一區一廠」產業政策，而肯亞則提出「四大行動計畫」加強製造業發展，兩者皆主張每個地區必須發展出自己的產業特色。而奈及利亞及摩洛哥則針對長期的經濟發展分別提出「永續經濟計畫」及「加速工業發展計畫」。

二、跳躍式思考：新創產業在非洲的發展

　　除了看到非洲國家以傳統的產業政策帶動經濟發展外，各界對非洲的新創產業也都非常看好，德國《明鏡周刊》形容肯亞首都奈洛比為「熱帶草原矽谷」（Silicon Savannah），而 Facebook 創始人，現任 Meta 董事長兼執行長，馬克‧祖克柏（Mark Zuckerberg）也曾到非洲參訪時稱：「奈洛比是非洲最好的 Hub（新創基地）。」此外，日本 Jetro 對非洲的新創產業也很重視，每年都會挑選出一百家非洲新創企業，提供日本企業參考。

　　大家都知道中國金融科技發展快速，而非洲也不遑多讓，從圖 4 中可見，2018 年非洲十大新創企業中有四家為金融相關產業。非洲金融科技的發展也體現在電子支付方面，類似中國微信支付、支付寶等的支付系統相

當盛行，一般日常交易，幾乎不使用紙鈔。此類金融科技甚至比中國更早在非洲展開，非洲的 M-Pesa 便是代表企業，據稱微支付其實就是跟非洲國家學的。

那為什麼非洲金融新創會這麼發達？眾所周知，非洲交通不便，很多偏僻地區沒有銀行，不像臺灣，家裡附近巷口就有一家銀行或 ATM（Automated Teller Machine），所以在非洲要領錢、轉帳都很麻煩，因此便促成了行動支付的快速發展，就如以往家中都會裝設家用電話，但現在年輕家庭因為手機的便利性，幾乎家中都不會牽市話線路了，而是選擇使用手機代替。此種手機支付系統從 2007 年在非洲上市，每天有高達 600 萬筆交易往來，發展極為快速，在非洲日常金錢往來根本不需要去銀行。

同樣基於需求創造產業大躍進的概念，由於非洲基礎建設不足，有許多交通或民生物資補充不便地區，造就許多購物相關需求，讓電商有機會發展。像是埃及、肯亞、奈及利亞及南非地區皆已發展出幾家大型電商。像是奈及利亞的「JUMIA」已經取得第三輪、第四輪的創投資金了，成長非常快速。

除了上述提及的產業外，非洲的時尚設計的表現也十分突出，設計概念多來自文化傳統的圖騰。非洲傳統圖騰有許多時尚設計師採用。根據德國工業研究聯合會（BDI）2019 年研究指出，非洲圖案被公認為具時尚和標誌性，越來越多國際時尚品牌將非洲風格融入。世界銀行還推出了「Fashionomics Africa」計畫，協助提高如象牙海岸、奈及利亞、肯亞和南非成衣設計業在國際舞臺上的形象。

肆、經濟發展與市場拓展

根據數據顯示（圖 5），非洲 54 個國家中 GDP 總額超過百億美元的

圖 4：2018 年非洲 10 大新創企業

有 34 個國家。初期要前往非洲做生意投資的業者，建議先選經濟發展程度相對較高的國家作為目標市場，以下是本會分析非洲相對發展的國家市場，並分類說明如下：

圖 5：非洲 GDP 超過百億美元的 34 個國家

非洲GDP超過百億美元的34個國家

依GDP總額排序 挑選基準	中文國名	GDP總額(十億美元) 2018-2020平均 GDP超過100億	進口金額(十億美元) 2016-2018平均 GDP超過900億 進口超過100億	GDP成長率(%) 2018-2020平均 GDP介於900-100億 GDP成長約6%以上	依GDP總額排序 挑選基準	中文國名	GDP總額(十億美元) 2018-2020平均 GDP超過100億	進口金額(十億美元) 2016-2018平均 GDP超過900億 進口超過100億	GDP成長率(%) 2018-2020平均 GDP介於900-100億 GDP成長約6%以上
1	奈及利亞	446.5	33.5	2.2	18	尚比亞	24.7	8.5	2.5
2	南非共和國	365.6	83.7	0.8	19	塞內加爾	24.4	6.8	6.5
3	埃及	301.6	68.5	5.6	20	波扎那	19.0	5.9	4.1
4	阿爾及利亞	175.1	47.4	2.1	21	馬利	17.9	4.0	4.9
5	摩洛哥	120.7	46.0	3.1	22	加彭	17.1	2.1	2.4
6	肯亞	98.6	16.1	6.0	23	辛巴威	15.6	5.5	-0.3
7	安哥拉	95.5	15.4	-0.1	24	莫三比克	15.4	6.0	3.7
8	衣索比亞	91.7	13.6	7.4	25	布吉納法索	14.9	3.8	6.3
9	迦納	67.5	12.0	6.4	26	貝南	14.7	3.0	6.6
10	坦尚尼亞	62.1	8.1	6.0	27	奈米比亞	14.6	7.3	0.4
11	剛果民主共和國	49.2	6.0	4.7	28	模里西斯	14.5	5.1	3.8
12	象牙海岸	45.3	9.7	7.4	29	幾內亞	13.3	4.1	5.9
13	突尼西亞	39.4	20.4	2.1	30	馬達加斯加	12.8	3.5	5.2
14	喀麥隆	39.3	5.3	4.1	31	赤道幾內亞	12.5	1.0	-5.1
15	利比亞	36.0	10.8	-0.4	32	剛果共和國	11.6	3.7	2.8
16	蘇丹	32.9	9.1	-2.1	33	查德	11.3	0.7	3.4
17	烏干達	30.9	5.7	6.2	34	盧安達	10.3	2.5	8.2

一、分層出擊—主力市場、潛力市場、值得關注市場：

　　依照經濟規模、自全球進口表現及經濟成長率三項數據分析非洲市場，可將非洲國家分為主力市場、潛力市場及值得關注市場三類。主力市場係指市場規模較大，產業已有一定基礎的國家，如南非、埃及、摩洛哥等國；潛力市場雖不如主力市場規模大，但經濟成長率高，屬於具有發展潛力的市場，如利比亞、尼日、象牙海岸等國；而值得關注市場則指不及主力及潛力市場的規模及發展速度，但基於非洲整體發展情勢，往後仍可持續關注的市場。

二、非洲市場四大基本需求：

（一）保障糧食安全、提供生活必需品：

　　1、以農業技術、農業水產養殖設備、食品加工機械協助非洲提高糧食生產。

　　2、以產業機械（如橡膠、塑膠機械）協助非洲提升製造能力。

（二）確保能源（電力）供應：以綠能產品協助非洲增加能源供應。
（三）基礎建設：鐵路、公路、機場、港口及道路等基礎建設均急
　　　　需加強。
（四）強化運輸能力：以汽車零配件、機車零配件協助非洲強化運
　　　　輸能力。

三、非洲市場商機在哪裡？

　　基於上述四大基本需求，非洲可發展之產業商機如下：

（一）以農業為主軸：食品加工和包裝機械設備及技術需求多。

（二）基礎建設：建材、五金產品與機電設備需求增加。

（三）電力缺乏：能源相關產品具商機。

（四）交通運輸工具：以二手車為主，汽機車維修工具及其零件需求多。

（五）發展製造業：臺灣機械設備品質佳、口碑好、具市場潛力。

伍、結論

　　基於前述的介紹，可以發現非洲市場的廣闊與潛力，臺商應先行了解非洲市場的各面向後，整合各項資源前進非洲市場。而外貿協會近年來也透過許多策略與行動，積極向非洲市場拓展，例如成立非洲專案小組，專責非洲市場拓銷、推動產業合作交流、對我商宣導非洲市場資訊等業務，也積極加強雙邊合作，協助政府鞏固邦誼。此外，政府也投入資源，發展非洲計畫。

　　貿協透過電商，提升能見度，加入媒合機制，提升臺灣形象，而非洲當地企業主若想找臺灣企業進行技術合作與交流，或甚有意至臺灣進行產業投資，貿協也會協助，同時設立投資窗口，加強雙邊合作，建立臺非中小企業聯盟。非洲各國皆是聯盟會員，未來貿協會積極協助臺商前進非洲市場。先前也曾邀請非洲新創企業——JUMIA 與臺商分享如何將商品在該平臺上架賣到非洲去。除此之外，貿協還提供許多非洲相關資訊，建議業者可以多參考非洲經貿網，了解非洲市場商情及掌握目前重點開發產業等，做好準備，前進非洲。

非洲的「國王與我」和臺商投資策略

趙　麟

（前中華民國駐史瓦帝尼王國大使）

學歷

● 臺灣大學法律系學士

● 美國哈佛大學甘迺迪政府學院碩士

現職

● 清華大學（全英語）兼任副教授

● 臺灣民眾黨國際事務委員會主任委員、政策智庫副召集人

經歷

● 駐美國代表處政治組長、國會組長

● 總統府第一局局長

摘要

　　本文以「非洲的『國王與我』和臺商投資策略」為題，分享在史瓦帝尼王國駐節期間與史國朝野的互動經驗，最後也針對臺商投資提出建議。

　　史國民情純樸、環境氣候宜人，雖然近來偶有零星示威動盪，但多為反對派鼓動，已告平息。國王領導權威仍在，而且對於臺灣非常支持，臺史邦交穩定，是為臺商投資的利基所在。

　　然而史國政府行政效率良莠不齊，治安逐漸惡化，文化上與我國仍有差異。廠商在投資前須審慎評估，以免期望落差大。爰提出下列建議：

（一）多方考察投資環境並詳細評估：不宜因史國觀感較原先想像為佳，就倉促決定投資。

（二）產品應以外銷為主：史國人民購買力低，內需市場有限，產品必須靠外銷才能達到投資規模。

（三）自備充裕資金：史國金融機構服務水準落後，融資不易而且利息高昂；再則貨款回收期長、呆帳比率高。因此臺商需要大量資金週轉，否則營運不易。

（四）深入了解史國勞工法令：史國雖然經濟發展遲緩，但在保護勞工方面，相關法令卻完全依照國際勞工組織規定，與其生產力完全不符。因此投資者須熟悉史國勞工法，再據以規定公司內部管理規則。

（五）加強後勤補給行政效率，以降低成本：史國與美亞歐的運輸線均長，廠商進口原物料，往往偶因產源延誤被迫空運，增加成本；或因銀行、海關行政作業疏失而延宕，故而在後勤補給須「自力救濟」。

（六）加強與史國工會及新聞媒體之溝通：史國政府歡迎臺商投資、創造史國就業機會，但勞工及工會團體往往為了自身利益而與媒體勾結，藉誇大報導誣衊臺商。因此，與兩者的公關溝通，提供正確資訊，非常重要。

壹、前言

　　史瓦帝尼王國（以下簡稱史國）是中華民國在非洲僅存的唯一的邦交國。目前兩岸關係非常緊張，中國對臺灣所保有的邦交國虎視眈眈，尤其是史瓦帝尼王國，中國外交部曾說：「中國會拿下史瓦帝尼王國，拍攝一幅非洲全家福照片」。由此可見史國對臺灣外交情勢而言，地位與象徵性皆舉足輕重。而外交關係的鞏固和增進，也理所當然地與我們臺商前往投資密不可分，所以特別利用這個機會，希望能呼籲並鼓勵臺商們前往史瓦帝尼王國進行投資。

　　本人將不以學術研究的方式進行分析，而以比較輕鬆有趣，甚至可以說比較另類的題材──「非洲的『國王與我』和臺商投資策略」進行分享，希望能增加已經前往史國投資的臺商，或是要準備前往史國投資的臺商的興趣。

　　本人透過以下幾個主題分享對史瓦帝尼王國的認識與外交經驗，並提出對臺商前往史瓦帝尼王國經商投資的建議：（一）簡介史瓦濟蘭的歷史文化與特色；（二）對史瓦帝尼王國投資的策略建議；（三）「國王與我」的點點滴滴。

貳、史瓦帝尼歷史文化與特色

　　臺灣人大多認為史國從前名「史瓦濟蘭」改為史瓦帝尼，其實，應該說是「恢復本名」為史瓦帝尼。因為該地國名原為史瓦帝尼（eSwatini），會被稱為史瓦濟蘭係因英國殖民歷史所致。英國殖民時期將之改名為史瓦濟蘭（Swaziland），以標準的英式英文為史國命名。直至 2018 年史瓦帝尼國王恩史瓦帝三世（Mswati III）才宣布將國名由「Kingdom of

Swaziland」恢復成「Kingdom of Eswatini」。

　　史國於1968年獨立，脫離英國，並於1968年9月6日與中華民國建交。本人在史國公開演講時常對當地人民打趣說：「你們的生日就是我們的婚禮期（Your birthday is our wedding day.），雖然40年過去，我們依然還在蜜月期（But we are still on the honeymoon.）」。

　　非洲大陸面積十分廣大，史瓦帝尼王國位於非洲南部。而其國界南邊、西邊、北邊皆被南非共和國包圍，東邊則是莫三比克，因此史瓦帝尼算是內陸國。雖於地圖（圖1）上貌似東邊靠海，但其實不然。史瓦帝尼國土

圖1：史瓦帝尼王國地理位置

史瓦帝尼王國

面積大約為臺灣的一半，人口數約為 120 萬人，在臺灣邦交國排行榜內算是人口數排名前段的國家。

史瓦帝尼王國每年觀光的高潮為「蘆葦節」（Umhlanga, Reed Dance），蘆葦節係史國的年度重大節慶之一，主要由婦女籌畫，為期三天；其中最受人矚目的橋段為第三天，未婚少女摘取又高又結實的蘆葦回到會場後，所進行的蘆葦舞演出，希望能向上帝祈求王國風調雨順、國泰民安，也為了感謝上帝一整年來的庇佑。

出於對上帝的尊敬，由 15 至 16 歲的處女以上空裸體方式將自己最純潔無瑕的軀體展現出來，成為史國百年以來的傳統習俗，每年約四萬人參與，場面盛大。也因為蘆葦節規定只能由 15 至 16 歲少女擔任表演者，過去有許多人士誤以為蘆葦節係史國國王選妃的途徑，但其實是外界對該節日的誤解。國王的確可以從蘆葦節中挑選妃子，但來參與活動的少女都是自願參與而非被強迫加入，而且國王的公主們也會加入演出。

在節日當天國王也會身穿傳統皇家服制——上半身打赤膊並佩戴花圈，下半身穿著以花豹皮 Majobo 製的服飾出席。但較可惜的是世界各國媒體對史瓦帝尼王國的報導多以負面臧否言詞出現，或是較關注國王的花邊新聞，而較少深探該地文化。

史瓦帝尼王國是目前全世界碩果僅存君主具有實權的君主立憲國家（Absolute monarchy），國王恩史瓦帝三世也是非洲唯一一位擁有絕對權力的國王。美國雜誌《財富》（Fortune）曾將恩史瓦帝三世列為世界十大暴君之一，蓋因這個國家不是民主（Democratic）的，便將史王與利比亞強人格達費（Muammar Gaddafi）及北韓等國領袖並列為世界十大暴君。但據本人在史國外交之經驗，恩史瓦帝三世國王十分溫文儒雅，言語及日常行為舉止皆彬彬有禮，與暴君形象不符。

參、「國王與我」的點點滴滴

　　「國王與我」（The King and I）是一齣美國十九世紀的音樂劇，後來改編成為電影，廣受歡迎。沒想到後來我在非洲的三年駐史生涯（2006-2009），居然是現代版的「國王與我」。謹就史王恩史瓦帝三世與我相處的下列軼事（不涉及外交機密者），提出跟各位分享：

一、呈遞到任國書：

　　史王 1968 年出生，相貌高俊、談吐溫雅，跟西方媒體形容的「反民主暴君」形象大不相同。到任後未久，我依外交慣例在王宮向國王恩史瓦帝呈遞到任國書。我呈遞完到任國書後，依例須與史王稍事寒暄。由於這是我的首度「公開亮相」，我事先有備而去，在史王、總理、外長等史國高官面前，就臺灣政情及未來工作方向侃侃而談，間雜以謙虛言詞及幽默話語。一番「開場白」引起了曾在英國留學（高中）的史王興趣，他再三垂詢，我也有問必答。結果這場原本是充滿外交辭令的例行寒暄，在輕鬆笑語中進行了兩個多小時後盡歡而散。

　　外長 Mathendeli Dlamini 送我離開王宮時，私下向我表示：「閣下已經創了國王陛下接見他國使節呈遞到任國書會談時間的最長紀錄。」我當即謹慎答稱：「希望沒有影響陛下的起居日程及貴國外交傳統。」外長忙著解釋：「噢，不會。我們也樂觀陛下與大使閣下歡談」。

二、史王想學蔣經國

　　與史王建立初步交情以後，通常每個月我們都會見個一、二次面。所談的話題非常廣泛，有時超越邦交範圍。例如有次他跟我提到西方國家屢

屢批評史國元首並非「民選」，但他無時無刻不在關心民意民瘼，言下頗覺挫折。我見狀遂安慰他道，臺灣以往強人時代的蔣經國前總統雖非「民選」，仍深孚眾望。因為他下鄉詢訪民間疾苦、與百姓打成一片，因此受到歡迎。

史王聞言笑稱：「聽起來我應該學學他？」我接著呼應表示上任後力行「草根外交」（Grassroots diplomacy），勤訪史國各地。如果他擬出巡，我願「隨侍在側」（順便沾光），史王當即莞爾答應。兩周後史王告訴我，下鄉一事他諭示幕僚辦理，但遭王室族人反對，因為「鄉間充滿鬼魅不祥之靈，恐會影響國王龍體健康！」

三、史王破例蒞臨大使寓所晚宴

同樣的禁忌適用到──「國王不宜到王宮以外的地方用餐」。

我上任後不久適逢雙十國慶，直覺地想邀請國王蒞臨國慶酒會、以壯聲勢。有天史王幕僚長 Bheki Dhlamini 不尋常地親訪我辦公室（通常他可傳喚外國駐使到王宮洽公），他告訴我根據史國傳統，國王絕不親臨任何一國的國慶酒會，僅派代表到場宣讀史王賀詞；但念在與臺灣的特殊友誼，這次將派其兄某親王代表蒞臨我國慶酒會。

我正待覆謝，他突然補上一句史王教他轉達的主要訊息：「陛下雖然不能參加酒會，但他樂於『被邀請』到您府上晚餐。」他接著表示：「陛下打破禁忌，象徵他很看重與閣下友誼。但此事必須對外保密」。

2006 年 10 月國慶後不久，史王率同總理、國會議長、王室財務長及幕僚長 Bheki 蒞臨大使寓所晚宴，我邀了使館政治參事、農技團長與僑領張萬利、廖美華作陪，賓主盡歡。此事保密成功，可是 2009 年我離任前不久，史王再度蒞臨寓所晚宴，卻被御車司機洩密上了報。我與國王的半

身照，分列報頭左右兩端！

　　可惜的是，據說我難得創建的這項先例，迄今仍未被後任者「循例辦理」。

四、臺灣替代役男拒當史國駙馬

　　有一年耶誕節前夕，史王最寵愛的 Sikhanyiso 公主突然移駕到大使館看我。原來她自美返國度假，父王囑她來向我這個同為留學美國的「臺灣阿伯」請教。談話中間公主突然告訴我，她襁褓時曾經被我駐史農耕隊一位技師帶大，我向公主表示農耕隊現已改名為「技術團」。大概為了「懷舊」，公主想接著去該團看看。我當即電話通知團長葉常青，並囑妥為接待。

　　翌日清晨，葉團長電話向我匯報公主前一日參訪經過。他為了「妥為接待」，特別安排在該團服務農業外交的吳姓替代役擔任公主的導覽員，陪同公主參觀各農場及作業場所。這位替代役文質彬彬、個性溫和，兩個小時的行程下來，顯然獲得公主的好感。公主參觀結束回到團部休息時，主動表示想趁著一個月休假之便，借用技術團教學設備，以家教方式學習中文，而且指名由替代役擔任「家教老師」。

　　葉團長在公主離開技術團前，邀請她與團員合影留念。結果合影完後公主還特別要求與替代役單獨合照，而且主動手挽著他，狀甚親密！

　　我聽完葉團長描述後，兩人獲致共同結論── Sikhanyiso 公主對這位替代役先生可謂「一見鍾情」！

　　身為大使，念茲在茲的莫過於邦交的永續不變。我當下就想：若在史國王室中增一「臺灣駙馬」，豈不是在臺史穩固的邦交之上可再如虎添翼？

　　秉此念頭，兩周後在技術團的一項活動中，我瞥見這位吳姓替代役，立刻把他拉到一旁，展開下列對話：

「還好嗎？」

「很好，謝謝大使！」

「可願幫忙一事？」

「大使請講。」

「（我一臉悲壯神色，嚥嚥口水）你可願意……為國捐軀？」

「……」

　　兩個多月後他服役期滿，一天也不多待，搭乘隔天第一班飛機離開史國返臺。時至今日，我一直對於臺灣現代年輕人的缺乏「愛國情操」，感慨不已！

五、獲得史王御賜史語別號 "Mashesha"（快速先生）

　　由於我對於臺灣援款執行「言諾必行、劍及履及」的作風，並且講究時效，史國政界與媒體友人觀察久了，竟給我取了個史語別號："Mashesha"，意謂「快速先生」。

　　為求審慎，我晉見史王時順便詢問該別號之意涵，國王當場答稱：「這個稱號很好，您可放心使用。」有了史王「御批」，我下鄉各地演講時，便常使用該別號取代大使頭銜，充分達到「接地氣」的行銷效果，往往帶動滿場歡呼。藉著媒體傳播，久而久之，"Mashesha" 竟變成我在史國家喻戶曉的「註冊商標」了！

六、榮獲史王破例贈勳

　　我於 2008 年秋天奉調返國，臨行前史王特別在皇宮召見，對我頒贈象徵史國最高榮譽的「史瓦帝尼勳章」（Order of Eswatini）。據皇宮幕僚長事後告訴我，史王通常頒贈此一最高勳章給訪問史國的外國總理或閣員

級政要，從未給過外國大使，此為首例。我想這一榮譽，應該歸功於兩國的悠久邦誼，我只不過是代表接受而已。

肆、告別史國後的驚喜

離開史國時，遇到一個意外驚喜。

當我們夫婦搭乘的史國飛機離開史國，快要降落南非約翰尼斯堡機場時，機長透過機上廣播作例行報告，停頓數秒後他突然宣稱：「請各位容我多打擾兩分鐘……今天機上有對特別的貴賓——臺灣的 Mashesha 大使夫婦！他（她）們即將離開我們……我要向他（她）們道別；並且在此最後一刻，代表史國人民感謝 Mashesha 大使這三年來為我們所做的一切！」

在全機旅客的掌聲中，史國的影像已融入我與內人的模糊淚眼裡了……

2016 年，史王來臺參加蔡英文總統五二〇就職大典，當晚我突然接到史國駐臺大使 Thamie Dlamini 電話，表示隔天陛下想跟我見面。我跟史王在他下楊的君悅酒店會面一個多小時，暢敘別後、相談甚歡。

談話中史王邀我重回史國看看，他說「史國人民都很想念你」，我婉覆已離公職，改行從商。沒想到他接著邀我組企業考察團訪問史國，並承諾如果該團成行，他將接見該團並設宴款待。我自忖此事涉及卸任公職後的行政倫理，僅作禮貌答謝，未予正面回應。

我卸任大使、離開史國已經七、八年，史王來臺仍然念舊見我。剎那間，我覺得這段「國王與我」的緣分，已從「公誼」昇華變成「私交」了！

伍、對史國投資策略建議

　　史瓦帝尼王國為臺灣在非洲唯一的邦交國，所以當然非常歡迎臺商前往投資，而且站在一個臺灣人的立場，本人也希望前往非洲進行投資的臺商朋友，每位都能夠在非洲市場獲利。在增進國家雙邊的國民外交互動關係的同時，還能從中獲利，這是一個兩全其美而且創造雙贏的作法。

　　但事實上，無論在何處經商，凡是在海外的投資都是有利有弊的。那麼針對臺商前往史瓦帝尼王國投資與經商而言，首先應先考量史國最大的利基所在為何？本人認為，史國對臺商最大的利基在於：史瓦帝尼是臺灣的邦交國，不僅是臺灣現存非洲唯一的邦交國，而且邦誼非常的結實。

　　前幾個月，史瓦帝尼傳出零星的示威事件，但是現在都已經平息了。史國自與我中華民國在 1968 年建交以來，邦交已經超過五十年，外交往來歷史非常的悠久，而且基礎也十分雄厚穩健。國王恩史瓦帝三世的權威與王權地位相當的穩固。而且他對臺灣一直十分友好，曾經訪臺多次。總體來看，史國與臺灣互動十分頻繁，外交關係良好密切，這些都是臺商前往經商投資的強大利基點。

　　但不可諱言的是，因為史瓦帝尼王國地理位置不在臺灣的附近，遠在非洲的南端，所以在地緣關係上、在文化的差異上、在政治的結構上，都跟我們中華民國大不相同，其經濟也不如我國經濟發展如此的蓬勃與興盛。在臺商前往投資之前，我個人基於曾經擔任過大使的這個身分和在當地所累積的一些經驗，誠懇地向臺商說明，除了前述正向的因素、利基之外，尚有可能面臨挑戰之處。分成下面幾點：

1. 多方市場考察

　　臺商前往史瓦帝尼投資或經商之前，必須要多方的考察、多次的考察，對其整個投資環境做一個詳細的評估。因為大部分臺商，若沒有去過史國的話，他到史國一下飛機，會覺得這個國家天氣非常好、很舒服，且風景也很美麗，很容易被這樣的第一印象所誤導，認為來這個國家投資應該是百利而無一害的。但是事實上，臺商不能被第一印象所誤導，要多次去考察，了解史國內部的市場，還有當地一些商業配套的行政措施、政策等等，才能夠詳細的評估，進而來做決定。

2. 以出口外銷市場為主

　　由於史國當地人民購買力非常低，史國的內需市場可以說是相當有限，因此臺商到史國所生產製造的產品勢必要依賴出口外銷市場，才能足以支撐我國到史國投資的規模。目前我們臺商在史國最大的投資就是成衣業，成衣就是拜美國當年對史國的《非洲成長暨機會法案》（African Growth and Opportunity Act, AGOA）所賜，這個法案係經過美國國會決議，提供史國外銷美國可免稅的方針依據，所以臺商前往史瓦帝尼王國生產成衣後，銷往美國，則可享受美國出口免稅的待遇，這是非常明顯且有利的例子，建議臺商應以外銷為主。

3. 應先準備充裕資金

　　臺商前往史瓦帝尼進行投資的話，我建議要先自備充裕的資金。資金一定要準備好，不僅是啟動資金，而且是週轉金，因為史國的金融機構服務水準偏低，臺商要在當地進行融資不太容易，而且利息非常高；再者貨款的回收期也非常長，呆帳的比率相當高。所以我們臺商一定要先準備好

大量的資金來周轉，否則你營運可能會不太容易。

　　舉例來說，我前往史國上任初期，想將南非的臺灣銀行引進史國，成立臺銀在非洲南部的分行，這同時也是國王恩史瓦帝三世給我的一個請託。當時我便將這個消息傳回國內，臺灣銀行在南非的負責人也相當配合地專程到史瓦帝尼進行考察。我也安排並親自陪他去跟史國中央銀行的總裁見面會商。後來經過詳細的評估以後，臺灣銀行覺得還不太適合，所以這個念頭暫時打消了。也因為如此，目前臺商在史國尚未能有一個較有共識的合作銀行。基於史瓦帝尼的金融水準，我建議臺商應先自己準備充裕資金及週轉金後，再到史國經商投資會較恰當。

4. 了解法律規定

　　臺商投資之前，應要深入的了解史瓦帝尼有關勞工的法律規定。史國雖然經濟發展層級不高，在國際間被認為是一個低度開發的國家，但是史國對於勞工的保護，卻是比照國際勞工組織（International Labour Organization, ILO）的標準。這個現象與史瓦帝尼國內的生產力及整體經濟發展是不太吻合的，也可能跟臺商對非洲廉價勞工的想像不同，但是這明確地發生在史瓦帝尼王國。

　　因此我建議臺商去投資經商，在成立工廠之初，訂定內部行政管理手冊時，一定要對照當地的法令，與其相互吻合，才不會在未來滋生不必要的勞資糾紛。

5. 降低生產成本

　　由於史瓦帝尼王國位於非洲大陸的東南角落，靠近南非旁邊，因此不論亞洲也好，歐洲也好，美洲也好，不管出口至哪，運輸線都非常長，而

空運價格過於昂貴，所以大多都會選擇海運來降低成本。

　　但是我們廠商進口原物料，也會因為路途遙遠，或者是會因為產地的來源臨時產生問題，被原物料趕著交割時間，原定使用海運的方式進行運輸，可能會被迫改成空運，這個就增加了很多事先沒有預料到的時間成本。另外，史國的銀行和海關行政效率、作業常常會被延誤又會引起營運上面的疏失。這種危機情形即便事後再去跟機場、海關、銀行單位反映或要求賠償，根本緩不濟急，因此我們除了走史國既有的進口程序之外，必須在後勤的補給方面做好以防萬一的措施，以避免突發事件而衍生的巨大成本。

6. 公關

　　最後一點，就是公共關係處理。可能大家會有所疑問，是要跟誰做公關呢？其實在史瓦帝尼經商，跟史國當地的工會以及新聞媒體的溝通是非常重要的。因為史國政府從國王以下，全體都非常歡迎我們臺商前往投資，這當然是毫無疑問的，但是政策或國王的指令其實不見得能落實到各個工廠、各個行業，而且他們工會的力量是很強大的。

　　前面有提到，史國制定勞工法令是高標準的，甚至是比照 G7 的國家標準去制定的，可是史國工人的程度是遠遠不及已開發國家，因此會膨脹自我地去向公司要求，不管是對工資的要求也好，或工時的要求也好，在待遇方面他們認為理當要爭取很高的待遇，萬一我們臺商業主有一點點不能夠滿足他們的需求，他們就會因此罷工，產生糾紛及衝突。再加上史國的工人喜歡訴諸新聞媒體，這類負面的報導，更增加了臺商的困擾。

　　我在史瓦帝尼王國擔任大使的三年期間，便碰到過好幾次勞工事件、罷工事件，尤其看到很多是我們臺商深受其害。我身為外國的大使，其實

不應該涉入史國內部的罷工事件，可是為了幫助我們臺商的營運，不得不在幕後技巧性地跟國王、總理進行私下溝通，於我而言也是不尋常的經驗，稍有不慎會引起非議。所以很希望各位臺商在前往投資、設廠的時候，能與當地的工會、媒體保持好的溝通管道，提供正確的資訊，以防被有心人所煽動，引起不必要的誤解和糾紛。

　　上述是本人在史瓦帝尼王國駐節期間的綜合觀察心得與建議，提供給臺商朋友們作為參考。希望我國臺商到史國經商投資後，善用他們的優勢，繞過他們的缺點，趨吉避凶、創利增財。

疫情期間，運用網路行銷拓展非洲市場

歐陽禹

（安口食品機械股份有限公司董事長）

現職

- 安口食品機械股份有限公司董事長
- 臺灣食品暨製藥機械工業同業公會名譽理事長
- 寧波安口食品機械有限公司董事長

經歷

- 歐洲復興開發銀行 EBRD 臺灣顧問群第一屆會長
- 寧波鴻來食品機械有限公司董事長
- 中華整廠發展協會名譽理事長

摘要

　　此次以「疫情期間，運用網路行銷拓展非洲市場」為題，分享個人經商過程中，如何有效利用網路行銷，提高企業品牌曝光度、增加產品能見度，進一步突破疫情之下所面臨無法出國參加國際專業展的拓銷困境。

　　從 2021 年初新冠肺炎肆虐以來，幾乎國內大多數出口非洲的外銷廠商都受到嚴重的打擊，各種原物料受到疫情缺工、船運延滯和能源短缺等問題，造成全球運費、原料與薪資齊漲。由於無法到非洲參展或拜訪客戶，為了突破困境、拓展非洲的廣大市場，加強網路行銷與利用社群媒體等數位行銷，搜尋潛在客戶與有效利用網路服務客戶，讓客戶安心、放心是目前最省錢和最有效果的行銷工具。

　　網路行銷只要掌握以下幾個重點，應可活用於搜尋非洲標的客戶：一、網路買主年齡層逐漸年輕化；二、參考其他競爭者網頁的優劣，內容須能符合顧客的需求；三、網站首頁不要有 flash 與 3D，要做出網頁無障礙空間；四、一般顧客沒有耐性，網站前三頁須設法留住顧客，否則顧客便會離開；五、善用相片與影片提升說服力，相片與影片必須用心製作；六、網站具備多國語言（特別是英語）；七、選擇正確的關鍵字，可利用維基百科或請教專家正確的關鍵字；八、善用 GA Google 分析表。可以利用 GA 分析貴公司產品在全球的需求趨勢，才能做出正確的市場評估；九、立即回覆，收到詢問函立即回覆，是客戶對貴公司的第一印象。

　　在聯合國僅承認「一中原則」的國際情勢下，臺灣不是主權獨立的政治實體，無法加入 RCEP（區域全面經濟夥伴協定），與 CPTPP（跨太平洋夥伴全面進步協定），再加上中國大陸的打壓，臺灣中小企業只能自求多福。臺灣在國際市場上絕對沒有價格優勢，因此必須提高客製化能力，依照市場與客戶的需求創新研發，借力使力，設法降低製造成本。

壹、前言

這一次的新冠肺炎（COVID-19）疫情似乎看不到盡頭，越演越烈，我相信出口非洲的廠商或多或少都會受到影響。2020 年第一季我們因為不能出國參展（沒疫情前，敝公司每年需要出國參加大概十幾個國際專業展），另外員工不能出國做售後服務，客戶也沒辦法來，所以去年第一季業績衰退了三成以上。當時我們著實有些緊張，便想著如何突破困境，首先我們就直覺想到一定要加強網路行銷和提高機械與服務客戶的品質，最後居然因為專注網路行銷，敝公司 2021 年的業績反而相較 2019 年逆勢成長。

網路行銷對於企業突破外銷困境確實是一個很好的解決辦法。今天和大家分享，敝公司如何利用網路拓展非洲和其他國家市場。非洲 54 個國家，如埃及、突尼西亞、阿爾及利亞、利比亞、摩洛哥還有南部南非、奈及利亞等國現在一直都在成長中，都是很有發展潛力的市場。

貳、安口食品機械股份有限公司介紹

敝公司已有 42 年的國際行銷經驗，目前已銷售到 112 個國家。臺灣的工廠在三峽，大陸工廠在寧波，美國加州有分公司負責機械展示與售後服務，我們生產的機器種類共有 33 種以上，有單機也有生產線。

我們主要的產品包含：

（一）中式食品：大概你們想得到的包餡點心和食品都有，如餃子、包子、燒賣、春捲、刈包、紅龜粿、肉圓和鳳梨酥等。

（二）印度食品：牛肉饢餅（Beef Filled Nann）、印度甜點球（Cham Cham）、恰巴帝（Chapti）、咖哩起司角（Samosa）。

（三）中東食品：阿拉伯餅（Arabic Bread）、中東炸肉球（Kibbeh）、中東糕餅（Maamoul）、中東薄皮肉餅（Kibbi Mosul）、口袋餅（Pita Bread）、中東烤肉串（Kebab）。

（四）東歐食品：俄羅斯煎餅（Blini）、義大利飯糰（Arancini）、波蘭餃子（Pierogi）、義大利餃（Ravioli）、東歐油炸餅（Chebureki）。

（五）拉丁美洲食品：墨西哥捲餅（Burrito）、玉米餅（Arepa）、西班牙餡餅（Empanada）、巴西炸雞肉丸（Coxinha）、墨西哥餅（Tortilla）。

　　我們主打機械產品是餃子機，一個小時可以生產一萬兩千多個餃子。最小尺寸可做兩公克，最大尺寸可做到兩百公克，只需簡易的換模就可以製造不同的食品，目前臺灣如統一、味全、海霸王、義美及龍鳳等大都是使用安口的設備。因為餃子機的產量很高，所以客戶大多都是大型的冷凍食品廠，因此臺灣市場需求有限，所以我們加強拓銷海外市場，目前有將近 95% 外銷。

　　此外，我們也有製造墨西哥餅皮（flour tortilla）的生產線設備，目前墨西哥餅皮在世界各地都相當流行，可以捲包很多種食材，類似春捲一樣叫 burrito，針對 burrito 我們也成功研發自動的下餡捲包機。

　　我們每年依照客戶與市場的需求，持續不斷的創新與研發。

參、疾病和經濟發展

　　進入新冠肺炎疫情的主題前，先了解過往大流行病的歷史如何影響社會發展。十四世紀，鼠疫也就是黑死病橫行，造成全球一共死了五千多萬人，但是最終促成工業革命；十六世紀天花肆虐，死了兩千多萬人，影響整個歐美地區的經濟發展；十九世紀霍亂流行也死了幾百萬人，但促進很多國家開始注意公共衛生的問題，開始建設地下水道；1918 年到 1919 年

西班牙病毒導致歐洲死了五千多萬人，但也因此促成第一次世界大戰提早結束；近幾年，2003 年的 SARS（嚴重急性呼吸道症候群），比起過去死亡人數少了許多，只有七百多人，但導致全球航空業重創並重組；2009 年至 2010 年所盛行的新型流感，其實是以前西班牙的流感病毒變異來的。2020 年開始的新冠肺炎，是冠狀病毒，從英國的 Alpha、南非的 Beta、然後巴西的 Gamma、秘魯的 Lambda 還有印度的 Delta，還有哥倫比亞的 Mu，一直在變，這個病毒可能我們要跟它共存數年。

　　說到病毒，天花是 DNA 核醣核酸，這一次的新冠肺炎是去氧核醣核酸 RNA，是單軸的基因序列，所以很容易變異。RNA 本身不是一個生命體，RNA 外面包裹脂質，前端突出是棘蛋白（Spike Protein），因此只要把外膜洗掉就沒有病毒了。所以現在最重要就是要養成衛生習慣，回家以後立刻洗手。病毒主要是利用棘蛋白入侵肺部細胞後，開始在人體內複製。我們打疫苗，最重要是在體內產生中和抗體。到目前為止，全球確診病例總數已超過 3 億，死亡人數超過五百萬，非常驚人！

肆、外銷困境

　　臺灣企業目前在外銷上面臨一個很大困境，在聯合國「一個中國」的原則下，臺灣在國際上並不是一個政治實體。目前簽署「區域全面經濟夥伴關係協定」（RCEP）的國家，包含東協十國──菲律賓、越南、寮國、柬埔寨、緬甸、泰國、馬來西亞、汶萊、新加坡跟印尼，再加上中國、日本、韓國、澳洲、紐西蘭，總共十五國。本來印度要加入，但現在印度不加入了。即便少了印度，總人口仍高達 22 億，GDP（生產總額）達 26.2 兆美元，約全球三成的 GDP 和貿易量。臺灣因為中國的阻擋不可能加進去。

　　另外就是「跨太平洋夥伴全面進步協定」（CPTPP），原「跨太平洋

夥伴協定」（Trans-Pacific Partnership, TPP）本來是美國主導，川普在位時退出 TPP，因此現在變成由日本主導，成員包含加拿大、墨西哥、秘魯、智利、澳洲、紐西蘭、日本、越南、馬來西亞、汶萊跟新加坡等十一個國家，總共五億人口，GDP（生產總額）達十一兆美元。然而，目前中國大陸已經申請進入，新加坡（今年的輪值理事國）非常支持中國加入。臺灣如果要加入，我覺得希望不大，因為東協十國多數以中國大陸為最大進出口貿易國，中國對其影響很大，所以這點比較難突破，如果連《海峽兩岸經濟合作架構協議》（Cross-Straits Economic Cooperation Framework Agreement, ECFA）也斷的話，那就很麻煩，所以我們臺灣企業要自求多福。

此外，中共在國際打壓臺灣也很強硬，敝公司每年要參加十幾個國際大展，我們有過慘痛的經驗，由於目錄上有「ROC」三個字，中國大陸向大會抗議，要求我們一定要把 ROC 塗掉，否則不得參展，實在很蠻橫無理！

中國、日本和韓國的產品，跟臺灣製造的產品重疊性很高。比如馬來西亞客戶想買工具機，以前從日本、韓國、臺灣進口都是一樣的稅金，但現在由韓國及日本進口免稅，而臺灣卻要另外支付高額的進口稅，那臺灣還有什麼競爭力？2021 年，除了 COVID-19 新冠疫情，由於敘利亞、伊拉克和阿富汗的戰爭，為數可觀的難民潮造成歐洲很大的人道難題。非洲最近也有幾個國家陸續發生政變。中美貿易戰也是蠻嚴重的問題，美國立法從中國大陸進口的產品平均要課徵 19.8% 的進口稅，但幾乎 90% 由進口商自行吸收再轉嫁給消費者，所以造成目前美國嚴重的通貨膨脹。全世界目前的供應鏈大概沒有一個國家可以跟大陸比，中國的供應鏈非常完整。我有朋友把大陸的玩具工廠移到越南去，結果很多零配件還是需要從大陸進口，成本也沒有比較低。通貨膨脹現在已經是世界性的問題。煤炭、鋼

鐵和許多礦產、稀有金屬仍持續漲價，由於氣候暖化，造成旱災和水災，今年玉米、小麥、黃豆及咖啡等農產品也都減產，因而價格大漲！

安口大陸工廠在寧波，大陸大概有七、八家工廠 copy 我們的餃子機，我們用 3 釐米厚的鋼板，他們用 1 釐米，外觀看起來差不多，但售價卻便宜許多，所以我們的價格沒有競爭力。因此如何提高機械和服務的品質是我們要努力的方向。

我們因應之道有下述幾點：

一、客製化，量身定做：要持續不斷依照客戶和市場的需求創新研發。

二、即時服務：更快速、精準的解決客戶的問題，我們是製造業，但其實就是服務業，設法讓客戶安心、放心！

三、不斷提高品質：包括產品和服務的品質。

四、導入科技：利用 AI、工業電腦、IoT 等技術提升服務品質。以前把機器賣到國外後，我們可以派員工出國協助客戶安裝和維修。但疫情期間不能出國服務，所以我們便在機器裡面安裝 IoT 與相關裝置，遠端便可以讓客戶知道機器哪裡有問題或是哪裡需要維修。目前 AR、VR 等技術正在發展中，我們現在正在研究如何運用科技去做遠端的售後服務。數位科技服務是將來必然的趨勢，像 5G、6G、還有視訊會議等，我們現在因為疫情不能參加國際展覽，只能用視訊跟客戶溝通、開會，還有做售後服務，雖然比不上面對面的溝通，但八、九成的客戶也還滿意我們的服務品質。

五、網路行銷：無法參加國際展。網路行銷協助我們找到了不少國際的潛在客戶。我們公司的網頁總共有三萬七千頁、四十種語言。

六、線上展覽：線上展覽效果當然沒有實際展覽好，但是如果做好詳細的規畫也是有些成效。

七、善用政府資源：善用貿協和經濟部駐外單位提供的服務。我們政府駐

外單位，如貿協及經濟部駐外單位大都可以協助提供商情、商機與服務。

八、關鍵字廣告：購買搜尋引擎的黃金店面（Google Ads）提升網站曝光機會。做網路行銷，最重要的是關鍵字。比如說餃子，餃子的英文是 dumpling，俄羅斯叫 pelmeni；波蘭叫 pierogi；印度叫 gujia；韓國叫 mandu；日本叫 gyoza；西班牙叫 empanada；義大利叫 ravioli。如果有些關鍵字查不到，可以請貿協或經濟部駐外單位協助。網路行銷像撒網捕魚，除了選對地點，魚餌種類更要慎選。

九、合理的價格：訂價很重要，合理的價位會讓客戶覺得產品賣給他，並不是要賺他們的錢，而是要幫他們賺錢，幫他們創造效益。

伍、B2B 網路行銷策略

網路行銷我們已經做了二十幾年，陸續投資了不少。今天是成功與失敗的經驗的分享，希望大家不用再走冤枉路。我們是典型的中小企業，資源有限，如何利用有限的資源拓展國際的市場，是我們大家共同努力的目標。

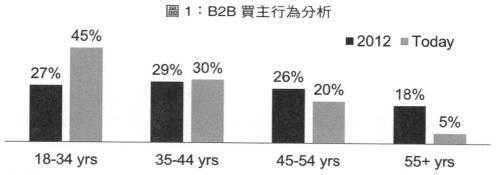

圖 1：B2B 買主行為分析

資料來源：Top B2B statistics every sales and marketing pro should know in 2020.

（一）年輕化：網路專家分析指出，以前的 B2B 買主大多數年紀比較大，現在已逐漸年輕化，18 歲到 44 歲的買主已超過 75%。

　　美國的研究報告指出，高達 75% 的 B2B 買家會使用手機搜尋相關資訊。分析客戶行為就會發現，客戶如果想找什麼產品，就會立刻上網搜索，瀏覽以後，如果中意便會下詢問函。大部分客戶選擇合作廠商，會先查看公司的信譽，除了價格、功能之外，品牌也很重要。

（二）傳統與數位行銷的比較：沒有網路行銷前，大多是用平面廣告，我們可以做個比較（如表 1），比如說以前用電視、報紙和雜誌，現在我們有網站、商務平臺、圖面式廣告。傳統平面廣告貴，參展更貴，但數位行銷便宜很多。一般平面廣告投放對象是固定的區域，比如說報紙廣告，可能就固定在臺灣或美國的某個地區，可是網路行銷是全世界性。就範圍而言，傳統的行銷有區域限制，但網路行銷是全球各地都可以被設定的。比如我現在設定市場在俄羅斯的莫斯科地區，當地的客人只要去搜尋，馬上可以在搜尋引擎的第一頁找到安口的資訊。一般平面廣告很難追蹤，可是網路可以追蹤，埋入追蹤碼，可以知道這個網路效果如何。

表 1：傳統行銷與數位行銷之對比

	傳統行銷	數位行銷
媒介	電視、報紙、雜誌、廣播、傳單、廣告看板、參展、店面	網站、商務平臺、社群、線上媒體、關鍵字廣告、互動式廣告、圖像式廣告…
投放	投放對象鎖定不易	投放對象可透過大數據分析指定
範圍	受區域限制	可投放全球也可限制族群
追蹤	無法具體追蹤成效	可埋入追蹤碼
費用	較高且無法量化評估	可依照數據分析評估調整預算

　　安口公司一年大概參加十幾個國際展，其中以德國展最貴，每次去德國展大概要花兩、三百萬，五、六個員工一起去，吃、住、場地租金和機器裝潢費用都不便宜，雖然效果不錯，可是成本很高。有時候展覽時看展人數不少，結果返臺後卻沒有訂單。我們比較過成本過，參加國際展一封詢問函的成本大約一萬五千元，但網路行銷只需兩百多元，差很多。

　　建議做平面廣告時，加入 UTM 追蹤碼，客人點擊時，就可以知道點擊者從哪裡來，可以估算投資的廣告划不划算。

陸、Google 廣告運作介紹

　　如前述所提，全世界搜索引擎的使用有 92% 是 Google，Google 有兩種廣告的類型。一種是 Google Ads，你可以設定地區，比如說俄羅斯的海參崴，只要那邊的買家搜尋產品名稱，貴公司的網頁便會出現在搜索引擎

圖 2：關鍵字廣告示意圖

圖 3：多媒體廣告示意圖

圖 4：企業網路行銷版圖

的首頁。你可以設定廣告投入的金額，如果擔心競爭者持續點擊，耗掉您的廣告預算，那大可不必擔心，只要是同一個 IP，不論點擊幾次，只會計算一次。所以你可以設定預算，效果蠻不錯。

另外一個便是 GDN（多媒體的廣告聯播網），只要有人搜索跟貴公司類似的產品時，就會把貴公司的廣告貼到上面去，不過這個成本比較高。

● 經驗分享：

一、何謂健全的網站？

一個健全的網站有四個要素，符合這四個條件的才叫健全的網站：

（一）關鍵字與搜索引擎：目前全世界大約 92% 的搜索引擎都是利用 Google，但不能只依賴 Google，像我們前幾年最大的市場是俄羅斯，俄羅斯所使用的搜索引擎有 60% 是 Yandex，40% 是 Google，所以 Google 跟 Yandex 都要買 Keywords。

（二）頻寬要夠：確保再多的客人連線到你公司網站都不塞車。

（三）二十四小時不停電。

（四）主機、伺服器要隨時接受設變和調整。

二、B2B 為何需要經營社群平臺？

網路行銷除了官網最重要之外，社群媒體如 Facebook、Twitter 及 Instagram 也要用心經營。Facebook 的效果就蠻好的。

三、電子報

每個月定期發布，把最新市場訊息和公司產品相關的資訊提供給舊客戶與潛在客戶看。建立公司的品牌、信譽與專業能力。

四、企業第二個網站──成功案例

我們公司有兩個網站，一個是 anko.com.tw 另一個是 ankofood.com，於我而言是蠻成功的案例，大家有空可以去參觀一下。

五、官網最重要

企業廣告有很多種，安口公司有兩個官方網站。官網是最重要的，網路行銷最重要的第一步就是要優化企業的官方網站。建議可以加入阿里巴巴和 Taiwan trade（外貿協會的網站）。Youtube 也很重要，另外也要善加利用社群媒體，如 Facebook、Instagram、Twitter 和 Linked In，依照我們經驗，效果最好的是 Facebook。

六、了解客戶搜尋資訊的習性

據專家分析，一般的客戶沒什麼耐性，搜尋廠商訊息時，大概會找七、八家，最後留下兩、三家候選，每一家大約花三十秒決定要不要下詢問函。所以官網如果可看性不高，客人就不會選擇你。有一些公司的網站使用 Flash（多媒體應用程式的一種，Adobe 旗下之軟體）或 3D，但 Apple 系統的 iPhone、iPad 不支援 Flash，所以一定要「無障礙空間」。要反向思考，讓客人上了貴公司官網後，可以立刻找到他預期的訊息。否則若發現內容不符合他的要求，他馬上就會跳出，去看其他競爭廠商的網站了。

七、客戶的耐心

以前的客人比較有耐性，大概會等待七到八秒，但是現在客人比較急躁，大約只願停留三到四秒，所以你的內容萬一不是他要的，他就會立刻

退出網站。所以你必須想辦法讓你的網頁可以在前三頁把客人留住。即使你的網頁再完整再好，但是在第四頁以後基本已經沒什麼效果，一定要想辦法把網頁放在前三頁。

八、Google 演算法

Google 演算法核心思維有三個代表性的動物，第一個是熊貓（panda），panda 掌管內容品質政策，第二個是企鵝（penguin）掌管連結品質政策，蜂鳥（hummingbird）掌管搜尋引擎核心。熊貓主要是內容，整個網路行銷中「內容」最重要。如果客人看了你首頁以後，因為首頁內容豐富，客戶就被引導去看第二個網頁，這就是企鵝，品質分數就會提升。另外還有蜂鳥，如果你平常喜歡搜尋食譜，當你搜尋滷肉飯時，搜尋引擎便會給你滷肉飯的配方或食譜，假如你平常常搜尋餐廳，當你搜尋滷肉飯時，Google 就提供你家附近滷肉飯餐廳，哪些是味道比較好、比較有名。如果你過幾個小時再問，Google 又會給你不同的訊息，Google 是很智慧型的，可以隨時給你最新的訊息。

九、搜尋引擎的最佳化（SEO）

如果你沒有買 keyword，但是從首頁就可以看到貴公司的訊息，SEO 分數就會很高，比如我在 Google 搜索，春捲機 spring-roll machine，Google 上面總共會出現一億三千八百多萬筆資料，安口公司在首頁上就有三到四個。在網路上面，客人並不知道你的公司究竟是大是小，所以如何經營網站，讓你的排名能一直在前面是很重要的，要不斷的經營、不斷的update 你的內容，買家點擊率高，自然分數便會提高，另外，要特別提醒當你收到客戶的詢問函一定要馬上回覆，因為這是客人對你的第一印象，

絕對不能疏忽。

十、網站的速度與善用 Google 分析表

　　要使搜索引擎最佳化有幾個關鍵，一個是前面所提的關鍵字很重要，另一個便是網站速度。主機跟伺服器一定要想辦法設到國外，安口用的是 Amazon，同時間幾萬客人進來都不會塞車，如果你的伺服器設在臺灣，可能兩、三千個客戶點擊就會塞車，客人就走掉了。所以頻寬一定要夠，還有網站結構要好。內容最重要，不斷的 update 內容，品質分數自然就高了。還有數據分析的應用，Google 的分析表是免費的，你可以從分析表中找出你這個產品在國際市場需求性是上升還是下降，哪些國家的需求最多。

十一、相片與影音製作不能馬虎

　　多利用圖像優化網頁的內容。現在相機不貴，畫素都很高。要把產品特點拍出來，不要隨便拍，這是客人對貴公司的第一個印象。要反向思考，如果你是客人，你想看什麼內容，如果買了，對我有什麼好處，比其他的廠商有什麼競爭優勢。還有影音很重要，現在搜尋東西，如果哪一個公司網頁有 Youtube，我們大多會直接點影片看，所以 Youtube 很重要。拍影片的時候一定要先編導、剪接再放上去，不要隨便放。如果隨便放，客人會覺得如果這麼馬虎，將來售後服務應該不會太好。

十二、多國語言的重要性

　　有專家分析過，超過 80% 的客戶習慣用本國語言搜尋本土的搜索引擎，所以多國語言很重要。Google 有九十六種免費翻譯軟體。可能有人會想，我又不懂俄文要怎麼翻譯，其實不難，最重要是英文的網頁。英文網

頁有四個原則：第一個是英文文法要精準；第二個是段落要很分明；第三個是句點、逗點要很清楚；第四個是英文用字要淺顯易懂。符合這四個條件的英文網頁便可使用 Google 的免費翻譯軟體翻成九十六國文字，但翻出來的精準度，大概只有百分之三十至四十，比如說翻成俄文，客人會用俄文來詢問，第一封詢問函大多是詢問產品價格、規格和競爭優勢等。這時你可以用英文回答他，客人若有意願要跟你做生意，百分之百會用英文回覆你，其實網路行銷就是在釣魚，魚餌要對。你也可以把你的英文網頁請你的代理商翻譯，比如捷克代理商，請他幫忙翻成捷克文，他翻的絕對比翻譯社翻的還要好。

十三、搜尋關鍵字的技巧

從 Google 分析表去找哪一組關鍵字被搜尋最多的，把那個關鍵字放在每個網頁最下面的 tag，讓搜索引擎的 spider 去抓資料。關鍵字需要根據趨勢不斷 update。關鍵字趨勢可利用 Google Trend 進行查閱，Google Trend 是完全免費的。

臺灣機械業在非洲市場的參與和經驗

劉清三

（元成機械股份有限公司董事長）

學歷

- 瑞士商學院 EMBA
- 美國加州國際管理學院榮譽博士

現職

- 元成機械股份有限公司董事長

經歷

- 臺灣食品暨製藥機械工業同業公會理事長

摘要

此次以「臺灣機械業在非洲市場的參與和經驗」為題，分享如何抓住非洲急需基礎建設及機械採購等市場痛點，並帶領元成機械拓展非洲市場之經驗。

近年非洲快速發展，急需基礎建設，機械採購因此大幅增加，成為臺灣重要的潛力市場，以阿爾及利亞、南非、埃及為主，元成機械也循著以下方式，成功拓展非洲市場：

一、善用非洲對歐美殖民統治不信任優勢：非洲人較信任沒有在非洲殖民過的國家，如韓國、臺灣，就比歐美吃香。而中國大陸則因太過積極，被非洲人懷疑為新殖民主義。自 2000 年開始，中國藉由基礎建設、礦產開發為主的各式援助，以全覆蓋的方式，包括鐵公路、機場、水庫、工業區開發前進非洲，但非洲各國開始意識到僅有中國的基礎建設，以及進口商品，不足以經濟自主，仍須建立自有工業基礎，而機械產業為臺灣強項，在非洲極具發展空間。

二、臺灣機械產業客製化品質優勢：中國製的機具設備，價格雖然具有競爭力，但卻沒有售後服務。臺灣機械產業不論客製化能力、價格、品質，恰巧補足其間隙。

三、與當地代理商合作：非洲很多國家會造假信用狀，最好找到好的當地代理商。零件當地製作很貴，代理商最好在當地有維修能力。

壹、前言

一、背景

　　本人出生於 1943 年臺北石牌地區。專業是製藥設備研發設計與製造，臺灣與香港第一套 GMP（Good Manufacturing Practice）製藥設備設計製造人，臺灣食品暨製藥機械工業同業公會第四、五屆理事長，瑞士商學院 EMBA、美國加州國際管理學院榮譽博士、慈濟志工慈誠隊編號 1116。

二、機械製造專業

　　元成機械創立於 1967 年，是臺灣最具規模的製劑設備供應商，五十餘年的專業經驗，秉持企業核心價值及全球化視野，提供顧客整體滿意的產品與服務，成為國際化企業。新廠位於環境優美、管理完善，近新北市林口的華亞科技園區，占地面積二千餘坪。設備廣泛運用在製藥、食品、化工、生技、中藥、電子、綠產業等。產品包括：片劑製程設備、釋控微丸設備、自動提取濃縮設備、口服液設備、針劑設備、軟膏生產設備等。

　　元成製造出來的第一臺設備是箱型乾燥機，這臺傳統機器的應用很廣，而且食品、製藥都需要，但是乾燥過程需要十六個小時。所幸後來研發出快速乾燥機，能夠將十六個小時的製程縮短為四十分鐘完成，它也是元成的第一臺外銷機器，這部機器光是國內就賣了十幾臺，世界各地都有客戶採購，新加坡有一臺目前還在使用。

　　元成產品行銷世界七十餘國，遍及歐美、日、韓、俄羅斯，紐澳、中東、南亞、東南亞；在世界製藥企業二十強中，有多家採用元成的設備。以下為我們的部分客戶群：輝瑞、諾華、亞培、柏林格殷格翰、GSK、默克、禮來、第一三共、武田、衛采、大塚、永信、生達、中化、臺糖、民生、

徐福記等。此外，研發亦為本廠所重視。

貳、元成在非洲銷售狀況

元成機械股份有限公司在非洲的主要銷售國家為：南非、埃及、利比亞、厄利垂亞、阿爾及利亞、奈及利亞、蘇丹、賴索托，目前積極推廣突尼西亞、摩洛哥、肯亞，包含製藥業及食品業等。

表 1：元成主要銷售之非洲國家

年度	國家	產品
1995	南非	製藥業
1998	埃及	製藥業
1999	利比亞	食品業
2003	厄利垂亞	製藥業
2005	阿爾及利亞	製藥業
2005	奈及利亞	製藥業
2005	賴索托	製藥業
2010	蘇丹	製藥業

表 1 是元成主要銷售的非洲國家，南非主要是製藥設備，而在埃及製藥設備外銷 42 臺。利比亞有 1 臺銷售至食品業，主要是賣冰棒的，冰棒在製作時的冷凍成本及運輸成本都很高，所以對方請我們做一臺把果汁粉做成即溶的設備，自己在家裡加熱水泡一泡，放在冰箱裡面就成冰棒，這樣運輸費跟冷凍費就節省下來。在表格之外的是賴索托也有 3 臺。在銷往賴索托的時候，我還親自到非洲去，因為當地供電不足，我們試到一半停機、開機又停機，反覆來回，弄到半夜兩點多才全部做好。從那個廠回到旅館要一個半小時，很怕路程上被人家搶劫，那個時候我跟我的同伴都很

緊張，不禁感嘆出去國外經商真的很辛苦。

（一）阿爾及利亞

　　阿爾及利亞是非洲國家面積最大的國家，位列全世界第十位，其官方語言為現代標準阿拉伯語和柏柏爾語，國內通用阿爾及利亞阿拉伯語，而法語則因殖民歷史原因成為國家行政、貿易和教育領域的專用語言變成他們的第二語言。現代阿爾及利亞的前身為法國阿爾及利亞屬地，於 1962 年經由阿爾及利亞戰爭後獲得獨立。

　　阿爾及利亞為什麼會亂，是因為布特弗利卡（Abdelaziz Bouteflika）總統連續好幾次當選，但是都是在有爭議的情況下，在 2013 年他中風以後就很少露面，但他還要繼續參選、繼續當總統，所以民眾跟當時的參謀總長艾哈邁德‧蓋德‧薩拉赫（Ahmed Gaid Salah）都強烈反對，後來才下臺，阿爾及利亞才得以平靜（維基百科，2022）。

　　要申請阿爾及利亞簽證，只能透過阿爾及利亞駐日本大使館申請，或是中國北京的大使館申請，大概耗時要一個月，費用大概 9,500 元臺幣一次，需要準備護照正本、身分證影本、國外公司邀請函、國外公司擔保函、臺灣公司保證信、國外公司登記證、訂房紀錄、機票訂位紀錄等都要。像我們做機械業就很頭痛，因為簽證的有效期限只有一個月，有時候對方買了好幾組設備，我們組裝機器一次差不多四個人，假如太多人去也沒有用，如果一個月沒有裝好就還要另外準備一批人來接手，安裝費用變很高，航班就要飛好幾次，這樣就很累。再加上他們那些人動作都很慢，例如中東，我本來以為中東國家，像巴勒斯坦，他們動作還蠻快的，本來我們要用蒸氣要有鍋爐，結果去到那邊才發現他們沒有鍋爐，所以要改成電的，我當天就設計出來規格都給他，結果他們四天就幫我牽電路，做完全部設置，所以他們配合我很快，因為我們這個要有電、排水、排蒸氣，所以我很多

的細節要配合，但阿爾及利亞人就跟不上，動作很慢，所以假如去阿爾及利亞要小心這個問題。

　　為了解決前面提到的這個問題，我們一定要有遠距的服務，不然很辛苦。另外就是零件要備好，我們要去安裝的時候，零件一定要準備比較多，不然你在當地買的話都非常貴，這不是只有在阿爾及利亞，在印尼或其他地方也都是，所以臺灣真的非常方便，不鏽鋼、螺絲隨便在五金行都買得到，去印尼那邊就要跑很遠，零件費很高。

　　此外要注意的就是交通問題，從臺灣到阿爾及利亞的話差不多要二十個小時，我們都是十二點出發，差不多十個小時到杜拜，杜拜轉機要兩個半小時，然後杜拜到阿爾及利亞又要七個小時，所以總共差不多二十個小時，蠻辛苦的。出入境也要小心，我女兒有一次在海關還被攔住，被抓到小房間去扣護照，跟印尼一樣，以前我去都要七十五塊美金，藏在鞋子裡，所以這個大家要小心。另外在阿爾及利亞當地的交通也是很辛苦，飯店離藥廠都很遠，又會塞車，所以要提前出門，

　　還有一些風俗民情要注意，第一是因為那邊蒼蠅很多，衛生環境不佳很容易拉肚子，所以出差要準備一些止瀉藥、胃藥、感冒藥等；第二是當地都吃很鹹，所以我們裝機器都帶泡麵去，去給工人吃，不然承受不住，如果去一個月，都吃當地的食物就會很麻煩，像當地常見的食物是我們吃不慣的法國麵包、生菜、小米，而且湯品超級鹹，我有經驗是，叫廚師不要加鹽，把湯倒出來再加一半水，還是不敢喝，鹹到不敢喝，甜到不敢吃；第三，當地人對亞洲的女性特別好奇，若女性去那邊就不要穿短裙，結伴比較安全；第四是當地道路不平，羊群又多，開車要小心，跟印度差不多。

　　阿爾及利亞就是有一個點比較不好，他們使用的付款方式是憑單付款（Cash Against Documents, CAD），是我們裝船以後要把所有文件包含 Invoice、packing list 等，全部都要交到我們的銀行再送到對方的銀

行，銀行再給廠商，廠商再回去他們的銀行，再付錢給我們的銀行，這樣來回都要一個多月，所以你看你製造機器，像我們的話，FAT（Factory Acceptance Test）差不多要 6 個月，假如這樣都 7 個多月，廠商就要熟識、可以信任，不然你文件寄過去，錢又拿不到就完蛋了。此外你要 7 個半月的回收時間，你的財力也要夠雄厚，不然這段時間都要用自己的錢去花。埃及是用信用狀（Letter of Credit，L/C），蘇丹是用電匯（Telegraphic Transfer，T/T），厄利垂亞也是用電匯（Telegraphic Transfer，T/T），這個部分各位要小心一下。

（二）埃及

埃及有一個特別的政府招標，他們叫做 point system，大陸因為價錢比較便宜，所以被除 63%，臺灣是 80%，這個非常要緊，我們臺灣很吃虧，差歐洲 3%（歐洲是 83%）而已，假如大陸報 15 萬美金，除以 63% 等於 23 萬 8,000 美金，臺灣假如報 27 萬 5,000 美金的話，除以 80% 的話，變成 34 萬 3,760 美金，假如歐洲報 20 萬 5,000 歐元，83% 的話變成 24 萬 6,987 歐元，再乘 1.16 等於美金，這樣比較起來大陸還是最便宜，我們臺灣變成最貴，就因為這個問題，所以埃及客戶越來越少。此外，埃及很頭痛就是他們沒有紅綠燈，所以交通很亂，非常危險。

（三）肯亞

肯亞有一個 C 公司在 1977 年成立，是一家老字號的公司，現任董事長也就是公司創立者，是一名印度人，那邊大部分都是印度人，他們現在工人差不多有 200 人。另外一家大公司也是印度人創辦。肯亞幾乎都是印度人的天下。

我們和肯亞的交易也促成了當地的種子改造。我們元成剛好有一套設

備，高雄農友也都有跟我們採購，這臺機器可以在我們的種子加上藥片，像改造好的一顆西瓜籽可以賣 10 元，藥片一粒是賣 8 角，你看一顆西瓜籽可以賣 10 元比一粒藥片還貴，就是因為外面有塗層（coating），可以防止水太多爛掉，也有助芽劑跟防蟲劑。要做基因改良就還要加上它的基因進去改造，像杏菜籽非常小，假如要自動播種的話，就要把它的體積增大，所以用我們的機器可以把它包覆，體積增大就可以自動播種，這在農業領域使用很多。

參、市場評估與建議

在後疫情時代，非洲各國正積極加大投入重建與恢復經濟的力道，極富發展潛力，2021 年經濟成長率將達到 3.1%，非洲開發銀行 (AfDB) 更樂觀預估，2021 年非洲經濟成長將反彈達 3.4%，幾達疫前水準。非洲人口總數約 13 億，自然資源豐富，內需市場潛力龐大，六成人口不到 25 歲，勞工薪資低，區域內貨物自由流通，並與歐洲、美洲、中國簽定經貿協定，對看準未來非洲大陸經濟規模將成長的廠商，是可以深耕前進的藍海市場。

非洲是前法國殖民地最集中的地區，因此法語在非洲非常流行，僅次於阿拉伯語的非洲第二大語言，須注意設備人機、操作說明書及業務推廣，皆會需要用到法文，可先自行翻譯，再請代理或客戶確認。

非洲設備安裝：因居留只有一個月，所以設備要分批安裝，加上當地人動作很慢，配合比較困難，安裝費就提高，可以提供遠距維修服務（remote service）解決此問題。零件很容易在客戶端遺失，當地製作風管、零件很貴，代理商最好有維修能力。

當地交通、飲食、風俗民情方面，飯店離藥廠很遠且容易塞車，道路

不平整，羊群很多，開車要小心。食物常有蒼蠅，容易拉肚子，出差要準備藥品、食物及泡麵。當地常見食物：法國麵包、烤肉、生菜、小米，湯品超級鹹。對亞洲女性很好奇，避免穿短裙，外出須結伴較安全。

表2：非洲市場 SWOT 分析

優勢 (S)	弱勢 (W)
1. 無歷史包袱 2. 反應快 3. 人情味濃	1. 距離遠 2. 價格較中國、印度高 3. 缺乏強力組織與資源
機會 (O)	**威脅 (T)**
1. 整合度增加 2. 人口紅利高、市場廣大 3. 國際重視度增加 4. 戰事逐漸平息	1. 基礎建設不佳 2. 通關效率低 3. 貪腐嚴重 4. 政策面不盡完善 5. 貿易成本高

參考資料：李綱信，非洲新興市場商機及臺灣拓銷策略之研究，Economic Research，
　　　　Volume 10

臺商非洲投資：新機會與新挑戰

葉衛綺
（史瓦帝尼王國駐臺大使館經貿投資處處長）

學歷

- 南非卡姆拉巴聯合世界書院學士（Waterford Kamhlaba, United World College, Kingdom of Eswatini）
- 加拿大阿卡迪亞大學學士（Acadia University）
- 荷蘭萊登大學碩士（Universiteit Leiden）

現職

- 史瓦帝尼王國駐臺大使館經貿投資處處長

經歷

- 莫三比克駐臺經貿辦事處代表

摘要

　　本人出生於臺灣，但隨後與父母前往非洲，自小在南非長大，接受當地基礎教育並取得學士學位後才至加拿大攻讀碩士學位，而後擔任駐臺經貿部門主管，投入非洲與臺灣的雙邊外交服務。

　　本報告以「臺商非洲投資：新機會與新挑戰」為題，以介紹臺灣與非洲雙邊貿易關係出發，進一步分析非洲大陸貿易現況，及外資投資趨勢，最後提出對臺灣投資非洲的策略建議：

一、臺灣與非洲的貿易關係：大多數臺灣企業在非洲的投資主要集中在南
　　非共和國。根據經濟部的統計數據，南非是臺灣的第 38 大貿易夥伴，
　　可見南非在臺灣對外貿易關係中具有一定的地位。臺灣與南非的汽車
　　製造業也建立了相互依存的貿易關係，南非提供生產零件材料，臺灣
　　則利用這些材料製造汽車的關鍵零件，如電子控制板、佈線系統等，
　　再供應給南非的汽車製造商，形成相互依賴的汽車產業鏈。而臺灣對
　　其他非洲國家的出口卻非常零散，缺乏連續性，主要是由於缺乏在地
　　行銷及設立駐各國辦事處，以觀察當地消費文化的增長趨勢。

二、制定連貫的投資和貿易戰略：臺灣應制定對非洲連貫性的投資及貿易
　　戰略，將政府、企業、非政府組織和學術機構等現有資源整合成一個
　　統一服務窗口，提供希望在非洲經商的臺人相關服務，同時也為那些
　　希望與臺商做生意的非洲人提供服務。此外，也應對關鍵行業的產業
　　鏈進行縱向整合，如對上游供應商進行投資，以縮短從源頭到產品的
　　轉手過程，從而在如遇新冠疫情（COVID-19）等全球性流行病及區
　　域經濟危機等衝擊時，最大限度地減少產業鏈中的阻塞點。

三、綜合性非洲研究機構：除對非洲市場進行觀察研究外，強烈建議臺灣
　　能建立一個跨機構、跨領域、跨學科的綜合性非洲研究機構，拓展臺
　　人對非洲國家及地區的歷史背景與文化風俗的了解，這是在非洲行銷

及提供商業服務的關鍵。臺灣需做出決定，是要從零開始，以臺灣視角進行非洲學術研究，或是從其他國家非洲研究院提取經驗，如與英、美、荷、日、韓等國之研究院交流學習。

壹、前言

本人在臺灣出生，四、五歲時便隨父母親舉家搬至南非，自小自南非長大。後搬至莫三比克，求學期間曾在南非、莫三比克、加拿大及荷蘭就學，於荷蘭取得學位後，因緣際會擔任臺灣第一任莫三比克駐臺代表，現為史瓦帝尼王國駐臺大使館經貿投資處處長。

剛回臺灣時，我曾參與臺灣非洲經貿協會（TABA）孫杰夫理事長所辦理的非洲團，也參與過臺灣非洲工業發展協會（TAIDA）由洪慶忠理事長所舉辦的非洲代表團、非洲駐臺經貿聯合辦事處（ATEF）林自強處長的代表團。希望能夠了解是哪些臺商在非洲進行投資？分別投資什麼產業？主要是在那些地區進行投資？因為非洲是一個非常龐大的大陸國家，我從南非飛往北非相當於從臺北飛至南非，距離甚遠，一個非洲相當於八百四十四個臺灣的面積，因其地域廣大，非洲大陸的種族及語言的差異性也甚大，在非洲投資十分不易，特別是對如臺灣這種島國經商的商人而言，要面臨更多平常不會遇到的困境。以下我將從臺灣與非洲的經貿關係出發，深入介紹非洲市場與可切入之投資領域：

一、臺灣與非洲的貿易關係

二、非洲大陸自由貿易區（African Continental Free Trade Agreement，AfCFTA）

三、非洲的外國直接投資趨勢

四、疫情之下，非洲電信業的突破

貳、臺灣與非洲的貿易關係

　　目前全非洲最多臺灣人的國家是南非共和國（以下簡稱南非）。南非曾因推行種族隔離政策，使得各國對其施行經濟制裁，沒有國家認同且願意與南非建立外貿關係，全球僅有兩個同樣不被國際承認的國家願意與該國合作，一個為以色列，另一個便是臺灣。當時南非為吸引外資，採用極優惠的匯率政策，吸引許多臺商前往南非投資。在 1980 至 1990 年代，是臺商最踴躍前往南非投資的年代，當時在南非的臺灣人高達 2 萬多人，投資產業包含臺灣電腦大廠 ASUS、汽車業、紡織業等產業皆至南非設廠，其中最特別的產業是國防，許多人不曉得，以色列及臺灣都在南非生產武器，甚至中華航空的南非直達班機被停飛也不是因為南非與我國斷交，而是因為華航違法使用民航機運載國防武器所致。由上述可知，南非與臺灣的貿易關係歷史悠久，同時南非也是臺灣在非洲打入的第一塊市場。

　　根據經濟部國際貿易局的最新數據，南非是臺灣的第 38 大貿易夥伴和第 36 大出口目的地。2020 年，南非和臺灣的雙邊貿易額為 9.55 億美元，與 2019 年相比下降 16.71%。2021 年前四個月，南非對臺灣的出口達到 1.39 億美元，與 2020 年相比增長 40.04%；而臺灣對南非的出口為 1.95 億美元，同比增長 26.35%（BOFT／MOEA 2021-05-20）。換句話說，2021 前半年與 2020 年相較，臺灣與南非的貿易額是增加的，從圖 3 亦可見南非對臺灣的出口總額趨勢，在 2019 年疫情爆發後，其實南非對臺灣的出口仍是

上升的，這是十分奇特的現象，值得研究，後續也將為大家深入討論為何會呈現這樣的數據關係。

近年南非對臺灣的主要出口產業包括煤炭、鐵合金、鉑金、汽車、玉米、銅礦、鐵、化工物品、木漿、鋁和柑橘類水果。從圖 1 可見南非對外出口產品之比例，其中占比極高的是貴金屬及汽車；而從圖 2 中查看南非出口至臺灣之各產品比例，其中占比極高的是煤礦及汽車產業，臺灣購買的許多品牌車皆是在南非組裝的。

從圖 4 可見，臺灣對南非的主要出口包括汽車零組件、高分子苯乙烯、塑膠、鐵／鋼製品、盤／帶、螺絲、螺栓／螺母、ICT 產品、機械零組件、紗線／布料、自行車和冷凍魚等（BOFT／MOEA 2021-05-20）。南非進口大量汽車零組件，係因臺灣的汽車零組件產業在國際中具有一定的聲譽及

圖 1：南非產品出口比重圖（2019 年）

總計 117 億（美元）

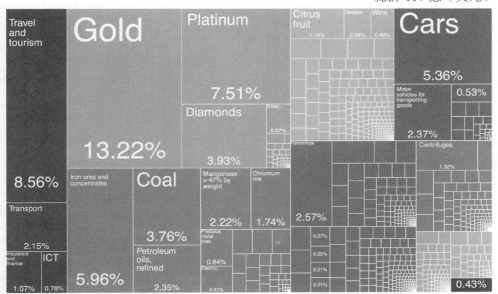

圖 2：南非對臺灣的出口項目比重圖（2019 年）

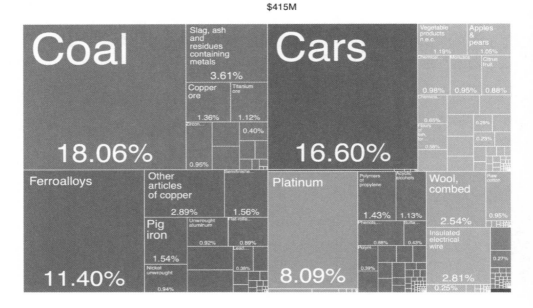

圖 3：南非對臺灣的出口各產業項目總額趨勢

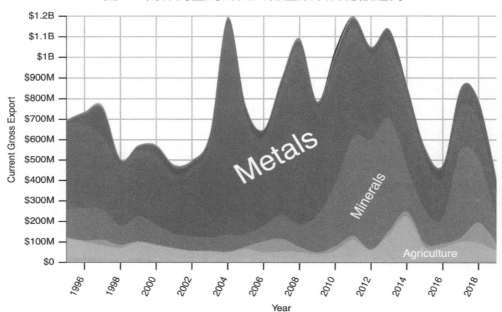

圖 4：臺灣出口至南非之產品比重（2019 年）

總計 5.81 億（美元）

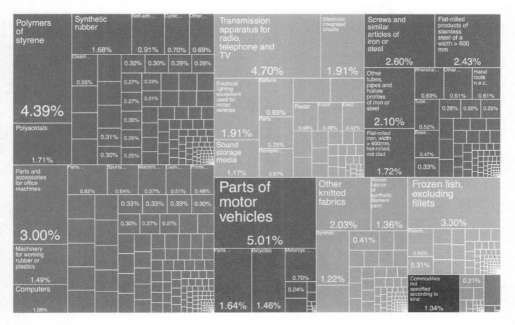

$581M

品質保證，特別是汽車內部的線路板及車燈等零件。若對照圖 5 臺灣出口至南非之各產業項目總額趨勢，可見 2012 年臺灣對南非的出口總額飆升，其原因之一係因 2008 年金融風暴後的經濟復甦，另一關鍵原因，則因當年歐盟宣布 2030 年全球將進入電動車時代，因此當年許多人一窩蜂購入柴油車，使得南非汽車零組件需求量激增，便使臺灣出口至南非之出口總額快速增加。由此可見，臺灣及南非在汽車零組件的供給連動關係。

南非是汽車製造商的全球中心之一，也是非洲最大的中心。汽車製造業占全國 GDP 的 7.5%，約占南非製造業出口的 10%。品牌包括：本田（Honda）、馬亨達（Mahindra）、克萊斯勒（Chrysler）、飛雅特（Fiat）、福特（Ford）、裕隆（Nissan）、豐田（Toyota）、大眾（Volkswagen）和

圖 5 ：臺灣出口至南非之各產業項目總額趨勢

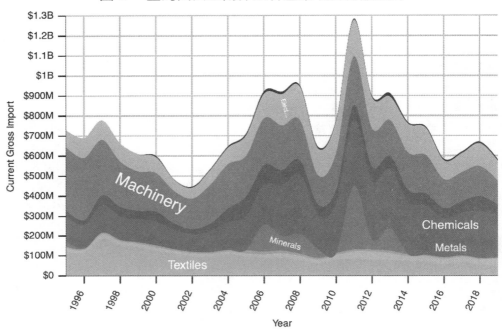

汎德（BMW）等。

　　南非和臺灣之間的貿易關係是相互依存的，因為南非汽車製造產業鏈
中的重要零件的製造是由臺灣出口，臺灣製造的關鍵零件包含，如電子控
制板、計算模組、照明和電子佈線系統，從臺灣本地製造生產後，出口
供應給南非的汽車製造商，而南非則為臺灣生產上述零件，提供主要原材
料。這種相互依賴的循環經濟，在 21 世紀初逐漸嶄露頭角，而在 2019 年
之後，因為全球新冠肺炎病毒肆虐，破壞了全球汽車製造商的供應鏈，
2019 年至 2021 年全球的汽車產業供應不及，但南非與臺灣在運輸費用低
廉與極短產業鏈的優勢下，仍未受新冠肺炎疫情影響，甚至使得南非與臺
灣汽車零組件相互依賴鏈的重要性增加。

　　反觀臺商在與南非之外的其他非洲國家進行當地投資時，臺商往往會

以中小型企業為主。而造成這種現象的原因其實很簡單，在其他的非洲國家中，多數製造業的基礎設施尚不足以與目前臺灣的製造業聯繫起來，增值鏈（value-added chain）無法兼容或是並不完整，從而增加了生產和物流成本。另外政府的機制及政策也比不上南非，甚至政府的貪腐現象也都比南非政府嚴重，上述種種原因大幅限制臺商的投資能力和生產價值，也是無法將南非經商模式複製移植的原因，使得臺灣在其他非洲國家多選擇投資原物料開發及最基本的組裝工業為主，而在南非才會選擇投入輕重工業。

這也使得在非洲長期生活和工作的臺灣人與中、韓、日、越和泰國等商人相比，在南非以外的非洲國家經商或定居的臺灣人明顯少了很多，甚至在人口總數有三千多萬人的莫三比克也只有大約十五個臺灣人，我家可能就占了 6-7 個。第一是因為語言，莫三比克是講葡萄牙文，第二係因莫三比克在 1994 年內戰結束後才開始發展，這些語言及文化門檻，也是阻礙臺人到非洲的原因之一。

臺灣對其他非洲國家的出口非常零散，缺乏產業連續性。換句話說，就是我跟你做一次生意後，這些生意是不可能會延續十年、二十年的，這主要是由於缺乏投資當地營銷和設立當地辦事處以觀察當地消費文化的增長趨勢。此外，也很少有臺灣母公司在非洲國家設有永久的分支總部，如正新輪胎、東元電子等都在非洲有良好的銷售量與投資表現，賣得「嚇嚇叫」，但這些公司都沒有直接在當地設立分公司，去探察當地市場並深入當地做營銷。大部分都是在當地找一個代理商，因為他們懂當地的文化、語言跟生態，所以就讓他們去做。

近年來，還是有許多臺商在當地製造基本的民生製造業，投資多圍繞在生產日用品，如肥皂、容器、包裝、食品製造、物流、原材料加工、農業和輕工業等。而最大的不同之處是可延續性的商機，在非洲市場你是賣

不了像 LV、Hermes 這種高級產品，可是如果你的商品是所有階級的人都需要購買的日用品，那利潤可達百分之三十，非常可觀。舉例來說，在臺灣如果你是賣塑膠袋，利潤大概在 10% 至 5% 就差不多了，但在非洲可成長至 30%。

　　非洲市場也不是一個投機者適合去的市場，它是一個需要深度的去了解，真的去看它整個經濟變化的動力來自於哪裡。很多國家都說我是能源生產國，我產天然氣產石油，然後去吸引外商來，吸引外商來後就要考慮錢從哪裡來，所以開了銀行，那外商的孩子們需要上學，所以就開了美國學校，那就可以進一步想，那這些小孩文具從哪裡來？臺灣文具品牌，如利百代，其實出口許多文具至非洲，在非洲當地有許多代理商，但他們沒有在非洲設總部，這是臺灣產業進軍非洲最可惜之處。光有代理商是無法產生連續性的，也較難深入當地市場，很多未來的商機就這樣錯失了。除此之外，非洲人口其實增加極快，人口成長率是爆發性的，與臺灣有極大的差距，所以臺商無法像在臺灣市場一樣預估市場人數，也無法預見商機。再加上，不論是製造民生商品或提供基本日常服務，非洲市場總體上品牌的忠誠度極高，需要臺商在品牌、產品及服務上做出極大的努力，以追求高品質並提升品牌成熟度。若仰賴傳統常見的市場調查方式，也可能會減少探尋商機的機會，因為非洲的資訊傳遞不透明，不是什麼都能在網路上找到資料，例如採購材料以及原物料都缺乏物流管道，這也是在非洲經商如此危險和困難的主要原因之一。

　　還記得當年中國爆發三鹿毒奶粉事件時，全球都在搶奶粉，莫三比克也是。當年全非洲幾乎都買不到奶粉，大家都很恐慌，怕自己的孩子吃不飽，因此世界銀行及世界糧食及農業組織等機構便贈送高級鮮乳奶粉給非洲國家，非洲人民僅需要以極低的價格，便可購買到比他們平常喝的還更高級的奶粉，但最後居然沒有人要買（這可能是品牌認知和宣傳的問題）。

再舉一個例子，非洲人在購買電子產品店的時候，會去挑選像 LG 這種大廠，而且會特別要求說我的壓縮機不要大陸製的，我要韓國製的，他們是有這種概念的，即便他們可能沒有讀過書，只是在外面賣牛肉、賣豬肉的，但他們還是知道壓縮機要去哪裡買，要買哪一種的才好。可見他們對產品的要求跟品牌的認知是有一定水準的，與我們想像中的市場開發是完全不同的。例如我們在東南亞市場中，不管是任何商品，只要能使用且價格低廉，基本上一定能有很好的通路及銷售成績，在東南亞，大家選擇商品是依照自己的收入去選，但在非洲是完全不同的，非洲人即便他收入非常低，但他仍會選擇有品牌的東西。也許大家也可以去想想為什麼臺灣、東南亞及非洲的消費文化會差異那麼大，為什麼我們會低估非洲、中南美洲等地的消費力，這跟這些地區的消費文化有什麼關係，這也是我們在做市場考察時須注意的地方。非洲的消費者文化非常特殊，且市場發展方向與以往臺商在東南亞發展的經驗完全不同。

參、非洲大陸自由貿易協定（AfCFTA）

非洲大陸自由貿易區採取區域性免稅的政策，因此擴大了鄰國的市場潛力，因為大多數非洲國家都有接壤的鄰國，最後才構成了非洲大陸的 54 個民族國家。但如果觀察非洲的鐵路及公路設施會覺得很奇怪，為什麼這些鐵路跟公路的終點都是河邊或港口，這是因為非洲在被殖民時期，國內的礦產、黃金或各項資源最終都是為了出口，因此才會有此種交通建設的規畫，而缺乏國內山區或跨國的交通建設，這也是非洲在後殖民時期經濟發展過程中最艱難之處。

《非洲大陸自由貿易協定》（African Continental Free Trade Agreement 簡稱 AfCFTA）自 2021 年元旦開始實施，該協定的相關經濟政策使得非

洲 13 億人口的市場潛力凝聚在一起。非洲的市場是世界上增長最快的經濟體，人口平均年齡中位數為 15 至 30 歲。整體而言，此協定看起來十分美好，但真的會成功嗎？老實說並不會，協定改變了非洲國家間的關稅政策，但並沒有改變非洲人的消費習慣，跨境貿易之間的主要挑戰並沒有隨著 AfCFTA 的生效而消失，基礎設施的不足，如糟糕的鐵路和公路網絡，再加上某些地區的政治動盪和過度的邊境官僚主義，在在都阻礙了這個大陸自由貿易協定的發展。

圖 6：中產階級分布圖

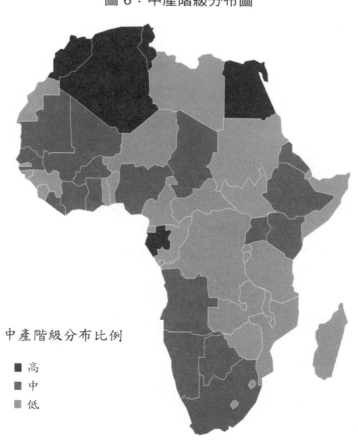

中產階級分布比例

■ 高
■ 中
■ 低

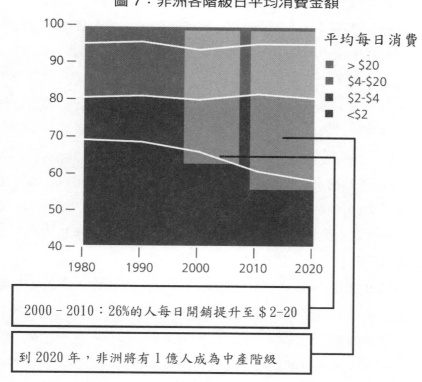

圖 7：非洲各階級日平均消費金額

圖 6 為非洲中產階級的分布圖，再搭配圖 7 可見非洲中產階級每天所花費的金額大約為 2 至 20 元美金，所以非洲中產階級的消費力是非常高的，且預估 2020 年已有約 1 億人口成為非洲的中產階級，中產階級的成長率是年年可見的。

肆、非洲的外國直接投資趨勢

根據聯合國貿易和發展會議（United Nations Conference on Trade and Development，UNCTAD）的《世界投資報告》指出，由於新冠疫情肆虐，

2020 年在非洲的外國直接投資總額下降了 16%。

　　在非洲的外國直接投資分為兩種不同的投資模式，一種是希望能有效真正幫助非洲當地經濟增長的，如來自美國、法國和英國的投資項目，這些項目發包給非洲當地企業或小型公司，利用當地的資源與人力進行服務及建設，例如我是一個英國公司，現在投資四千萬美金要在非洲蓋一個發電廠，第一個條件是要請當地的員工，我員工不可能從英國帶來；第二個是當地如果有合適的工程隊，我就包給當地工程隊，或是當地有美國的工程公司、巴西的建設公司、義大利的材料公司，英國公司可以選擇把工程包給這些公司去做，那只要其中一家公司，它違反了條例或者是欺負當地員工，或是說履約有問題，那我可以做什麼事？我可以去世界銀行，以違反國際經濟法控告對方契約違約。

　　另一種 FDI 是像中國，中國與歐美國家相比，其對非洲的投資項目總額，整整超過歐美國家所投入的一倍之多，但中國在非洲的投資項目大多與中國自己的國營公司綁在一起，不管是資源或現金，最終都會流回中國自己的經濟鏈中。把前例我的英國公司改成中國公司，第一絕對不可能外包給巴西、美國公司做，除非真的逼不得已，中國也會請當地的員工，如果發生中國企業欺負、虐待員工或種族歧視，那這些勞工階級他要去找誰求救？找當地政府勞工部？勞工部可以對中國大陸做什麼事？可以告他嗎？可以去世界銀行告嗎？告不成，為什麼？因為中國不甩你，這個就是FDI 外來投資在非洲，以正常國際關係法的規律，還是以非國際關係法規律去投資的環境所造成的差異。

　　這就是為什麼會說，英國、法國跟美國這些大國在非洲的外來投資，不論是透明度、法律制度都是可以真正的去幫助當地的就業率和成長的。只要沒有欺負當地員工，沒有污染非洲土地、非洲水源，沒有因為安全措施做不好，害礦工死在礦坑裡，在非洲可以透過 FDI 及永續的商業經營，

真正幫助當地提升就業率、創造商機，激發當地發展的潛力。

　　許多外國直接投資項目是歷史性的，如西北非還有一些中非國家，他們以前是法國和比利時殖民地，所以他們的官方語言是法文，請問一下我要去買計算機，我買電腦，我去買火車，我跟誰買？我不可能跑去日本買，因為都寫日文，我不會用，所以要買一個法國製或比利時製的火車車廂，才能在我的國家順利使用，所以很多殖民的歷史其實是延續到今日的非洲。

　　此外，非洲國家也會互相投資，南非是非洲國家間的最大投資主，主要投資講英文的國家，肯亞、奈及利亞。他們也投資東非和西非，像坦尚尼亞。所以語言能力，我覺得是對臺商、對臺灣一個最大的考驗，那 2030 年臺灣有一個新的目標，就是我們要怎麼樣把外語能力、英文程度加強。這些障礙不僅阻礙臺灣，對非洲國家間的交流來講也是很大的障礙，想想看只會講法文，但不會講英文，要怎麼去英文系的國家做生意，所以這也是 AfCFTA 最大的一個考驗。

伍、疫情之下，非洲電信業的突破

　　2020 年新冠疫情使全球經濟都受到影響，非洲也受到重創，但大家沒想到的是，在非洲近兩年裡，真正最賺錢的產業，居然是電信業。在臺灣幾乎每一個人都擁有電信門號，但在非洲沒有人用門號，大家都是用易付卡，是因為非洲很大，城鄉差距更大，帳單要怎麼寄？要去哪裡付費？都是辦理門號會遇到的問題，且對於電信業者來說，這些手續可能會讓成本提高。

　　我們臺灣常常講新南向政策，想去東南亞，可是東南亞國家現在每個人都跑去非洲，且第一件事就是做電信業。以越南為例，很多人去越南，

早期訊號從 1G 變 2G、3G、4G 到現在變 5G，那以前那些 2G、3G 的信號塔臺要怎麼辦？越南商人就把這些塔臺丟去非洲，再鄉下的地方都沒關係，只要是有電的地方，他們就插這些信號塔臺，那在非洲的易付卡的數據及通話費率是臺灣四至十二倍，代表你在非洲打一通電話，臺灣可能要一百多塊錢，價格非常高，雖然當地的收入這麼低，可是他們還是會花錢去買易付卡，行動電話在非洲引起的革命是臺灣人沒辦法想像的。

他們用的是簡訊，網路的覆蓋範圍是很低的，使用簡訊是因覆蓋範圍高，你不用上網、不用去買數據，而且功能很多，簡訊可以轉帳、付費，等於是我們臺灣易付卡可以去 7-11 買東西，如果在非洲我是個農夫，我住在離首都兩百公里，我今天種了很多高麗菜，要送去首都，可是訂金呢？怎麼收？客戶要開三、四個小時的車程來付費嗎？所以簡訊的作用就來了，我發個簡訊給你，你拿著簡訊到當地的雜貨店，雜貨店會給你一個條碼，像莫三比克是使用 M-Pesa，各地也有各地使用的系統，簡訊條碼便可以直接換現金，可以有效減低犯罪率，不用帶現金去付錢，我給我員工付薪水不用提款，傳個簡訊就可以，小孩子要去付學費，不用讓他上課帶一堆錢，怕被人家搶，我直接轉帳給他就可以，可見行動電話革命在非洲的影響力。

那在新冠肺炎期間，非洲手機的成長率是嚇死人，比歐洲、美國、臺灣成長率都還要高，不是因為怕肺炎傳染，所以不出門工作待在家，而是很多以前沒有想到說要用到電子途徑轉錢的人，現在開始使用。舉個很好笑的例子，非洲有個國家叫尚比亞，尚比亞是一個政治很穩定，投資蠻好的地方，他的總統也治理得很好，有一天尚比亞開一家最新的百貨公司，因為尚比亞都是平房，沒蓋什麼高樓大廈，有一天他們蓋一個四、五層樓的高樓大廈做百貨公司，裡面不可能放十幾臺電梯，所以他們決定做手扶梯，引進了全國第一臺手扶梯，結果有人去手扶梯上面結婚，有人天天去

那邊排隊，甚至要請個警衛去那邊管理，因為每個人都想搭手扶梯，因為從來沒有搭過手扶梯，他們在手扶梯上自拍，他們活在有手機的時代，可是沒有看過手扶梯，所以他們是先有手機再有手扶梯，可見非洲電子產業的革命是我們沒有辦法想像的。

臺灣是有很大潛力去非洲投資電子產業的，像臺灣最近做很多區塊鏈、數位城市發展、應用程式的開發，如果到非洲去，這是能讓當地生活品質增強的商機。像我在莫三比克，很喜歡出海釣魚，當地的漁夫出去釣魚、捕魚一趟，可能要花掉他兩個月的薪水，包含油錢、捕魚網，若遇到天氣不好，可能就空手而歸，還賠錢，那如果在出海前可以上網查天氣怎麼樣，海象怎麼樣，他能夠判斷明天早上該不該出海，甚至現在有更厲害的是，有一個法國衛星公司，開發一套系統，只要漁夫傳簡訊花費差不多臺幣二百五十元，這家公司就可以提供你出海路線全程的二十四小時精準的天氣預報，這個漁夫只花二百五十塊、三百塊臺幣發簡訊出去，便可以幫助他的生活品質增強，不用怕遇到颱風回不來，這就是手機的發展，也是在非洲的商機。

陸、在非洲開展業務的明確目標和戰略

要如何有策略性地利用我們現有的資源，結合政府、業界、各協會組織、學術界，做成非洲投資發展的一條龍服務鏈，是在非洲開展業務的關鍵。如果我一個非洲人來臺灣，我要買東西，我可以找誰？我一個臺灣人要去非洲，我要賣東西、去做生意、去投資，我可以找誰？誰可以幫助我？我要申請執照可以問誰？我們一直促進非洲計畫，但怎麼去非洲都不知道，簽證是一回事，機票是一回事，去了當地要賣這個東西能找誰？這個是臺商現在最大的困境。

　　如果我們將現有的資源進行整合，包括很多協會、外交部、經濟部，很多學術界的資源和數據，我們如果擁有非常完善且更新速度很快的數據，去什麼國家都知道商機在哪，現在缺乏什麼，這個月他們進口最多什麼，出口最多是什麼東西，現在有誰在當地投資，投資新的項目是幾項。當我們整個制度整合到很完整的時候，我希望有一天臺灣這邊的廠商可以接到電話說：有一位非洲朋友在臺北，昨天剛下飛機，他需要買紙箱，剛好是你生產的紙箱是他需要的規格。我希望臺灣有這種的效率和資源可以去跟非洲做生意，我們才可以把臺灣這邊真正的資源用到最徹底。

　　舉一個汽車的例子，如果臺灣進口銅，再送去印度變銅線，銅線再來臺灣包塑膠膜，我再出口去歐洲，歐洲核准之後，再去南非組裝在車子裡面，然後車子再出口回到臺灣賣，如果你覺得車為什麼這麼貴，真的是有原因的。這也是直線的工業整合概念，如果臺灣的企業、商業界能有遠見，試著讓整個產業鏈的距離縮短，減少依賴性，我們商業的生存率會越高，我們的利潤會更好，我們的競爭會更強，這個是促進經濟正成長後面的能源和動力。

　　此外，我們也需要能了解每一個非洲國家當地的歷史跟文化，我也鼓勵臺灣政府與學界，臺灣的確需要一個非洲研究院，而且此研究院是需要跨很多學系、學院，把所有的人才、研究方法、數據整合，並學習他國的非洲研究院的優點。荷蘭殖民非洲非常久，我在荷蘭讀書的時候，有一天去他們的人文博物館，我找到一本書是荷蘭文翻譯成臺語的字典，上面寫著：「你咧創啥？」，我便訝異這居然是荷蘭人寫的書，居然會懂臺語，後來才發現是荷蘭傳教士傳過來的，荷蘭所有的文物保存，尤其是在非洲國家的部分，從頭到尾都保存的很好。荷蘭擁有一個全世界歷史最悠久的非洲研究院，這就是荷蘭為什麼在非洲做期貨買賣永遠是第一名，從東印度公司開始到今天，是以一個財團去整合一個國家的資源，特別是在外面

所有殖民地的資源整合，才能夠讓荷蘭擁有今天的這些資產。

柒、疫情之下，全球經濟衰退對非洲的影響

從圖 8 可見，在疫情之下，南部非洲市場 2019 年到 2020 年的經濟負成長是最顯著的，而 2020 年到 2021 年整個的經濟成長主要是正向的，可見經濟已稍有回溫。前述曾提到南非和臺灣的貿易往來是最密切，也是現在非洲經濟能力最強的，但南非有幾個問題，第一、政治不穩定；第二、缺電；第三、失業率極高，高達 40%-50%，每 10 個人裡面有 4 個人失業；第四、擁有全世界最高的犯罪率，2010 年，在南非境內被槍殺死的人多過於阿富汗被槍殺死的人，而當年阿富汗正值戰爭期。

最近臺灣跟南非汽車工業整合度的狀況是蠻需要擔心的。臺灣需要找更多的非洲國家合作，除了南非之外的國家合作，去解決這個問題，建議

圖 8：非洲經濟衰退趨勢（2018-2022）

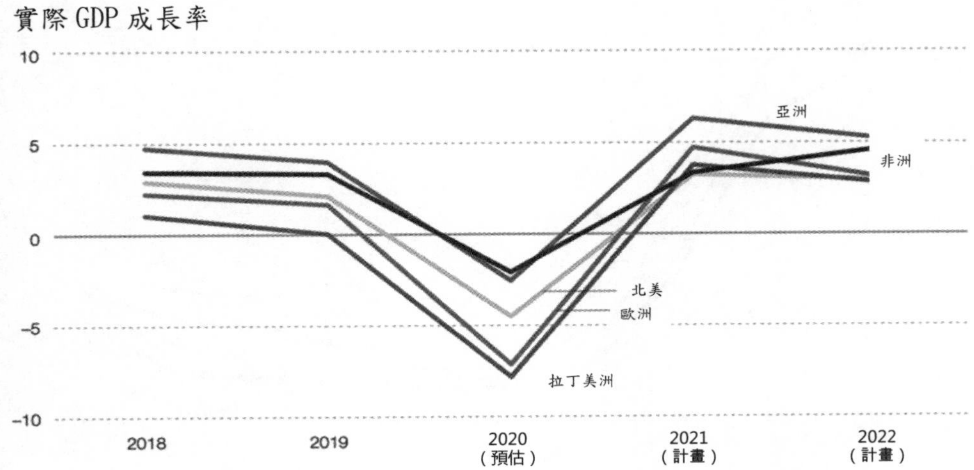

Source: African Development Bank statistics and IMF World Economic Outlook database.

可以到鄰近國家，如史瓦帝尼、莫三比克、尚比亞等，去把現於非洲已投資的工業轉型去別的地方做。此外，在非洲，我們臺灣人自己去是沒有用的，我們需要找夥伴，如日本、韓國、美國、歐盟的公司，我們需要一個與國際公司整合的平臺，讓我們的工業在非洲有所發展，讓潛力發揮到最極致。

從圖9則可見在COVID-19疫情下，全世界的觀光經濟中，非洲的觀光客降低率是最高的，非洲觀光客大多來自歐美地區，那為什麼臺灣比較少觀光客去非洲？其實很多的觀光業在新冠疫情爆發前都跑到南非去投資，可是南非犯罪率很高，所以導致很多旅行社關門，其實臺灣的觀光產業可以去其他非洲國家當地投資，投資當地動物園、去做飯店等，其實非洲很多民宿都很漂亮，當地整個東岸所有的度假村都是法國、南非、美國的財團去掌控的，整個壟斷市場，等於是他們做自己人的生意。其實亞洲

圖9：非洲觀光人潮趨勢（2020年1月至8月）

與上年同期相比的百分比變化

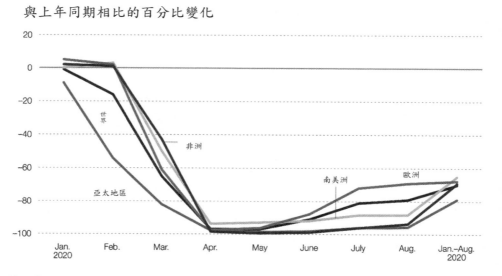

Note: Percentage change over same monthly variations, calculated over 2019–20.
Source: World Tourism Organization.

市場那麼大，為什麼我們臺灣不去非洲投資觀光產業，也是很值得討論的問題。

捌、現今非洲市場投資趨勢

綜合前述分析，以下為幾項現今非洲市場主要投資的產業，提供臺灣有興趣到非洲經商的商人參考：

1. 農業
2. 增值產業
3. 電信通訊業
4. 民生基本物資
5. 基礎設施發展
6. 能源
7. 旅遊及觀光相關產業
8. 保健食品與化妝品產業

玖、結論

最後，以下幾點前往非洲國家經商所需注意之重點與大家分享。第一，現在非洲跟臺灣雙方的貿易關係是非常脆弱的，尤其是在新冠疫情之下，所以很多已經在當地投資的臺商需要找更多的出路，應該要多去探索其他非洲國家，把對南非的依賴移到別的非洲國家。

第二，臺灣的政治問題是臺商不願意到非洲國家投資的原因之一，只是這個原因不足夠讓臺灣拒絕非洲市場，如果說因為政治關係而沒有辦法去非洲，或在前進非洲市場的時候碰到很多的困難，那為什麼臺灣不能去

找合適的搭檔國家一起去非洲投資？

　　第三，非洲的市場環境對於臺灣來講是一個黑洞宇宙，完全未知，這個未知數需要很多歷史上和文化上的了解，才能知道當地消費者的心態及想法，以及非洲未來的成長趨勢、消費者習慣和文化差異等。

　　第四，需要學術上的合作，臺灣真的非常需要非洲研究院，因為我們幾乎是不了解非洲，最基本認知非洲市場的方式是來自學界研究。最近我們也在推非洲的文學來臺灣，誠品書店便有許多非洲近代文學書籍，包含文章、散文、小說都很精彩，且近年在非洲有很多作家，也寫出世界銷售前十名的小說，但我們不知道他是非洲人，甚至很多人看了這些書也不知道是在寫非洲。

　　第五，臺灣需要從產、官、學、研等各種角度去鼓勵臺灣的學生、小朋友及大人去非洲觀光，去看這個遙遠的國家，澳洲很遠，美國很遠，去南美洲也很遠，但為什麼很多臺灣人跑去全世界觀光，而卻很少人去非洲？即便到非洲觀光，過去臺灣人幾乎只到南非觀光，導致我們沒有辦法開發其他非洲國家的觀光地點。我希望大家去非洲觀光，先去觀光、先去玩，才看得到商機，才會做生意，等到生意穩定成長，才會去投資，這是一步一步來的。

　　最後一點，是我鼓勵政府或民間開設窗口提供非洲相關服務。先知道我們去非洲真正的目的，未來我們想要做什麼，將這些基礎跟重點抓出來，並且了解如何制定長期策略，我們才能去想出如何創造一條龍服務，真正有效協助那些想來臺灣或想到非洲發展的人們，一同並肩作戰。

迦納投資策略、公益發展與在地共生

張小惠

（丹妮卡生物科技股份有限公司董事長）

現職

● 丹妮卡生物科技股份有限公司董事長

經歷

● 深圳市美麗丹妮卡美容有限公司美容連鎖創業講師

● 臺灣丹妮卡生物科技負責人、美容連鎖創業指導老師

● 西非迦納 GAI 投資公司中國招商代表總監

● 彰化 A 區鹿鑣國際同濟會創會長

摘要

　　此次以「迦納投資策略、公益發展與在地共生」為題，分享個人於 2016 年前往迦納開設醫院的投資策略，以及 2020 年 10 月在當地創辦國際同濟會臺灣總會，亦成立非洲第一個同濟分會迦納成功同濟會，並協助當地建設工業區的相關經驗。本文提供予欲前往非洲投資的臺商夥伴建議如下：

一、以中國投資經驗投入迦納市場：本人投入美容連鎖產業 35 年，在 2000 年進入中國市場，於深圳落點並輻射重慶、福建等各地區市場，深耕 21 年，參與中國產業開發、萌芽並快速發展的歷程。因緣際會 2006 年在深圳認識迦納籍本杰門先生（Akumanyi Benjamin），共同攜手合作，並在 2016 年奠定非洲發展之路，發覺迦納市場現況與 20 年前的中國相似，因此利用過去 15 年在中國的投資經驗進入迦納，建議想進入非洲市場的臺商不妨參考中國產業發展歷程，可增加吾人投入非洲市場的前瞻性。此外，迦納市場對臺商利多，不僅土地取得容易、勞工薪資低廉且出口免稅，比中國開發前期更有利於臺商投資。

二、與投資標的國人民合作，減輕進入市場的負擔：在進入迦納市場時，先透過當地人引入，不僅可深入了解當地文化，更可以從當地居民視角出發，了解市場需求，有效減少進入市場的成本。若能與當地居民建立良好的互動關係，有益於提升當地人對臺商的印象，將較友善的對待臺商，願意給予更多協助。

三、2021 年 11 月創立 NGO 鹿鏞國際同濟會，與投資標的共生：除進入迦納市場進行投資外，本人於迦納創辦非政府組織──國際同濟會由臺灣延伸出去在迦納的分會，由本杰門先生擔任迦納成功會創會長，並實現國際同濟會的宗旨：「關懷兒童無遠弗屆，點亮兒童未來」，致力於非洲關懷兒童國際援助相關計畫，協助兒童認養及教育，不僅回

饋社會，更試圖與在地市場共生。此將有助於培養人脈、增進與當地政府互動關係，並建立臺商友好形象。

壹、前言

我本身在臺灣是從事美容、化妝品相關行業。三十歲的時候，我帶著一只皮箱到中國大陸的深圳駐點，當時的深圳，比照現在的迦納，迦納差不多是深圳十五年前的樣子。事實上那個時候的深圳比現在的迦納還更落後。我和我在迦納的夥伴——本杰門便是相識在 2006 年的深圳。

當時我到深圳是做美容行業，深圳還是一個非常落後的一個地方，但是有一個好處，就是深圳的人來自五湖四海，他們想要學習的欲望非常強烈，特別是有技術性的東西，他們非常熱情也十分願意學習。所以我在深圳就創辦了丹妮卡美容學校，讓他們來學習臺灣的美容技術。我認為到一個新興且尚在開發中的國家，應該以技術為導向，而不是以銷售為導向去做培訓，因為本身他們沒有技術背景，他們也沒有辦法去銷售更專業的商品。

那時候的深圳就像是現在的非洲，非洲就像是中國大陸的翻版。我們早期在深圳多以臺灣人、香港人居多，在當地開廠的主要在深圳、東莞，每家工廠生意絡繹不絕，廣州更是所有外貿的主要出口地，帶動了當地不動產及人民生活水準的不斷上升，並吸引不少中國大陸內陸的許多人才來深圳、廣州、東莞打工，深圳可說是全中國人才最密集的地方。短短二十年便造就了今天的中國與美國並駕齊驅的態勢。

現在中國起飛了，大家都知道在新冠疫情開始的前幾年，中國已經著手在非洲進行「一帶一路」的策略。我們對中國政策動向是有較多了解，但是臺灣對非洲卻還是非常的陌生。我們經常在講到非洲的時候，很多人

會問我非洲是什麼？當時我便以亞洲舉例，亞洲有分臺灣人、韓國人、日本人、東南亞，那你是哪一個國家的人？雖說出生在不同國家，但有可能人種是一樣的，只是他的人文思維以及價值觀可能不太一樣。在深圳時，本杰門經常給我這些很好的觀念。當我回到臺灣的時候，跟人家分享非洲，很多人也覺得非常陌生，可是在和大陸人分享的時候，會發現他們其實非常具有國際觀，當時我也開始反思，為什麼臺灣人對國際觀的認知不足？通常都是有做出口貿易的工廠及貿易商，對世界國際性的了解會更多一點。

　　當時我在深圳從事美容行業的時候，我深深的體會到，我們離開臺灣到每個其他陌生國家去打造自己的事業同時，我們必須要先跟當地人合作，與他們友好才能在地共生，共創更好的國際舞臺。

貳、跨界投資夥伴關係重要

　　當時我在深圳的時候，經常是以臺灣人的觀念和思維跟大陸人互動，所以經常都搞得滿頭包，為什麼？因當時臺灣的經濟非常好，都會用臺灣的觀念去跟大陸人相處，但是他們還沒有到那個檔次，所以你跟他們講什麼都是沒用的。就像吃飯一樣，你告訴他吃飯要用夾子去夾，吃飯的時候不要出很大的聲音，你跟他們講 N 遍，他們還是聽不懂。更可怕的一件事就是大鍋攪拌，尤其在重慶、四川等地吃麻辣鍋，簡直是讓你無法想像，一雙筷子在嘴巴裡面咬一咬，直接放到鍋裡攪拌，再夾起菜放嘴裡，我跟本杰門眼睛互看，我們心裡都打量著我們要不要吃這鍋，心中有很多的OS。但他們依然吃得津津有味，我們頓時成了與眾不同的怪人。因為我是臺灣人，他們全部都是本地人，對他們來說，你外地來的，所以他們不願意配合，我們就什麼也做不了，後來我們覺得這樣下去真不是辦法，對

我來講也是內心調適的一大挑戰，後來經由本杰門不斷對我開導，本杰門說：「老師，我們在這裡做事必須接受他們的狀態及文化，因為我們在別人的領土上，我們必須學習如何與他們相處，我們才能把我們的事業做的更好」。每每講到這句話的時候，我頓時非常想念臺灣，更對臺灣的文化及人文深感驕傲，想把臺灣這種好的文化傳承給非洲迦納的人民。所以，在地共生非常重要，而且必須很快進入當地狀況，因為正在開發中的國家發展迅速，基本上等不及我們的思考。

不過，近幾年來中國不斷地富裕起來，人民的素質相對提高許多，過去受我教育的學生都回頭感激我，這個對我在深圳待了二十多年的付出及培養人才是最大的欣慰。如果我當時沒有嚴厲地要求他們，他們就不知道原來當時自己的素質差距國際禮儀一大截。事實上，美容行業本身禮儀及個人衛生講究，本來就是走在時代的尖端。

我本身是臺灣人，在深圳待了二十三年，跟本杰門認識了十七年，我結合了三個國家、三個地區的人文觀念，所以如果今天要到非洲去發展的話，我相信我們的速度會比一般人還要快。大家都知道非洲市場，現在有很多大陸人在搶占市場，那如果我們知道怎麼跟他們相處，要怎麼跟他們共同生存，這會是我們最大優勢！

我跟本杰門在深圳共創了「丹妮卡」這個品牌，要跟一個外國人磨合一起創業，實在不是一件容易的事。臺灣人跟臺灣人在一起都需要有一段的時間來相處磨合，何況是跟生長背景都與自己截然不同的外國人。所以我花了三年的時間跟本杰門在深圳嘗試磨合，我們有很多觀念都不一樣，就像我們臺灣人做事比較會轉彎，可是他們的觀念是一條通的。你跟他們「討論」什麼，他們就會直覺認為你就是要去做，如果你沒有做，他就會覺得你信口開河，所以在這個過程中會產生很多的爭論，需要彼此配合、溝通、建立默契。當然，我們在深圳已經建立很牢固的合作關係及默契。

參、大陸市場發展面臨瓶頸和挑戰

　　大概七年前，深圳的優勢不再，比如說土地的取得、密集的勞動力、低廉工資等。早期我們在深圳，一個員工只需要給他一百塊的薪水，那現在一個員工都要五、六千，所以當時我便預見未來大陸的景氣會到一個飽和期，然後可能會慢慢地走下坡。所以我便跟本杰門商量，我們是不是應該要往非洲去，剛好在那個時候也有幾個廣西人找本杰門回去迦納開採金礦，請本杰門幫忙，我也同時發現了新商機，就慢慢地把在深圳的事業轉移到非洲迦納去。這也是本杰門經常告訴我一句話：「老師，迦納是妳的第二個家鄉」。這句話也牽動了我內心深處的想法，有機會我一定要帶很多臺灣人往非洲迦納發展（因為資源太豐富了）。

　　我們到迦納的第一步決定先開一間很小的中醫院。我在深圳的時候曾介紹本杰門去跟臺灣人學中醫，本杰門本身也是一個讀法律系的，十分聰明，他回去迦納後就考上了醫生執照，我們就便在迦納開了一個小醫院，同時也經營礦產。其實我認識本杰門十幾年了，我從來不知道迦納盛產黃金，他從來沒有提過迦納有什麼資源，甚至是兩個廣西人告訴本杰門，拜託本杰門帶著他們去迦納挖黃金。由此可見，迦納有很多黃金礦產都是被廣西人占有的，我們也是在當時才知道，原來迦納盛產黃金。我便告訴本杰門，既然迦納有這麼好的資源，那我們也可以投入這個產業。本杰門本身是迦納人，開了醫院，也挖了礦產，慢慢穩定後，我們就開始把事業的重心移往迦納。

　　這一、兩年新冠疫情嚴峻，我們便積極購買土地，建造大約一千坪的醫院，為了提升迦納人的醫療資源，這個醫院裡所賣的藥品，有的是從臺灣，有的是從深圳那邊寄過去的。臺灣健康食品品質優良且種類很多，迦納人普遍有「三高」（高血壓、高血糖、高血脂）的問題，所以我們也從

臺灣寄一些健康食品過去。

本杰門回去迦納創業的過程中，也去接觸了很多當地的政府官員。有一些政府官員對他非常友好，因為他是從中國回去的，所以政府官員相信他是從中國獲取到很多經驗要帶回去迦納發展，並得知本杰門有相當好的中國資源，包括臺灣。所以很多政府官員經常會去找他協商，並與他商討怎麼從中國招商到迦納。那因為我是臺灣人，所以他跟臺灣人接觸比較多，他也十分了解臺灣人，講了一口臺灣腔調的中文。我們早期在深圳，本杰門也很能分辨臺灣人的習性，並知道臺灣人懂得「取之社會、回饋社會」，那大陸人可能就是會想要得到比較多利益。所以本杰門都會鼓勵迦納政府，積極歡迎臺灣人過來迦納經商。

肆、參與國際同濟會積極做公益

在 2019 年時我與本杰門溝通後，我便先回來臺灣，那也剛好因為新冠疫情爆發，便滯留在臺灣。在這段時間，我不經意地去參加了臺灣的同濟會，在加入同濟會的第一年 2020 年便擔任了會長的重責。在我擔任會長的同時，我便與本杰門分享了此事，協調後並在同年 10 月辦了第一個迦納的同濟會，叫作成功同濟會。在這個同濟會裡也破了同濟會 47 年以來的紀錄，即新人創跨國分會。不僅如此，在第二年（2021 年 11 月 27 日）成立了國際同濟會臺灣總會彰化 A 區鹿錦國際同濟會，並擔任第一屆創會長，且在非洲迦納成功同濟會之後，又創了兩個會，一個叫特馬（Tema）、一個叫塔夸（Tarkwa），總共創了三個會。其中一個是迦納成功本會，未來有可能成為迦納同濟會的總部，主要從事公益活動，迦納成功同濟會是由臺灣同濟會延伸過去的，所以將來我們到迦納也會以 NGO 的身分進入迦納，從事公益活動，向迦納宣揚臺灣的文化，這是我們未來要去做的。

目前臺灣彰化 A 區鹿鏽國際同濟會與迦納成功會認養 35 名兒童，將來鼓勵讓這些小孩學習講中文，更深入對臺灣的認識與了解，培養成為我們鹿鏽會迦納的小同濟。

臺灣同濟會廖敏榮總會長，過去他也曾向迦納捐贈了一萬個口罩，另外華欣會針對非洲迦納也捐了價值總計二十幾萬元的鞋子，投入公益不是單打獨鬥，這是全部資源的整合。因為同濟會成員都是來自各行各業的業主，成員中也不乏有人會想要到國外去投資，特別是迦納，因為去迦納有一個好處，迦納主要外銷歐美，可以節省很多運輸成本及關稅，因為在迦納出口歐美是免稅的。

臺灣青年未來的競爭注定要與世界競爭，臺灣只有二千三百多萬人，我們的對岸是十四億人口，而非洲則是世界的下一個工廠，總人口共有十三億多，而且尚在成長中，未來人口數十分可觀。在 2018 年，迦納總人口數是二千七百多萬人口，可是到 2021 年已達三千零七百多萬人。臺灣從二十年前便是兩千三百萬人口，二十年後，不增反減。人口越多，市場就越大，臺灣倒退，市場也可能倒退。

中國大陸有十四億人口，我們經常開一個玩笑說，今天如果賣一支牙刷，不要賺很多，賺一毛錢就好了，那算一下數字喔，如果說一支牙刷賺一毛錢，有十四億人口需要刷牙，每個人買一支，一天就賺 1.4 億，如果臺灣人二千三百多萬的人口都用的話，差距一下子便出來了。

非洲大致可分為東非、南非、西非、北非與中非。迦納屬於西非，靠近海岸，多數沿海地區的國家都發展得比較好，我們都知道靠海的國家，出口貿易會較有優勢，很多國家也必須仰賴進出口以獲取稅收。前文中曾提及迦納出口至歐美地區是免收關稅的，因此對到迦納去投資的臺商或企業而言，是非常優渥的條件。

迦納的首都是阿克拉，我們則是在迦納的第四大城塞康第——塔科拉

迪（Sekondi-Takoradi）經商，塔科拉迪也是靠海的城市，從阿克拉到塔科拉迪的海岸線是非常漂亮的，未來疫情趨緩，我們同濟會的臺商過去的話，我相信一定會有很多人希望在這個海岸線投資建設渡假村。

　　如前文所述，我們要到一個國家發展之前，會考慮先從公益慈善做起。用公益的方式，擴及當地人民，我們同濟會也在策畫國際志工的計畫，協助當地學生來臺擔任交換學生，親身了解臺灣的人文歷史。

　　目前我在臺灣也沒有閒著，而是正在整合資源，包含工業、農業及相關建設等。我們同濟會裡面許多成員，具備相關資源，未來我便會邀請他們前往非洲去發展。早期他們都沒有去大陸，那現在去也來不及了，早期可能帶個五、六百萬臺幣去中國大陸可以有很好的發揮空間，但是現在就算帶五、六千萬去，也是肉包子打狗，有去無回。現在如果帶著這五百萬到非洲迦納去，還是挺好用的，所以有興趣想要拚搏的人真的可以往非洲去。

伍、非洲投資機遇和布局

　　到非洲去經商，單打獨鬥是最艱辛的，一定要有引路人。一個在本地具備相當實力的引路人，這個引路人需要能幫你、保護你，並協助你與當地政府官員打交道。這個跟我們在對岸經商，其實都是一樣的概念，你一定要有本地人來保護你。我在深圳待了二十幾年，其實我覺得一定要在地深耕，一定要有一個真的很可靠的本地人，才有辦法去做更多的事情，而且要互相信任，如果你不信任對方，做什麼事情都很難做。

　　我跟本杰門在深圳十七年，我回來臺灣，我都告訴人家說我們可以到非洲迦納去投資，很多人的第一句話就會跟我說：「你會不會被黑人騙？」這個聽起來是很諷刺的，為什麼臺灣人每次講話第一句話就是說：「你會

不會被騙？」可是你跟對岸分享的時候，只要你告訴他，有一個很好的項目要投資，或是有一個很好的項目要去做，對岸的人一定會告訴你說，那是什麼項目，我可不可以聽看看。這就是國際觀的差別。我已經離開臺灣二十幾年了，我不曉得臺灣這邊為什麼防備心這麼重，我覺得其實很多時候在不傷大雅的情況下，不要去想得太多，不要覺得什麼事情都是騙騙騙。人之初，性本善，沒有一個人想要騙人，所以我們臺灣人常說的：「你會不會被騙？」這句話應該要收起來，不要經常拿出來講。

我們現在把重心轉移到迦納，那我在臺灣都在做什麼？其實臺灣企業經營挑戰大，第一個土地的取得非常困難，第二個是員工，早期臺灣的工廠多聘請越南、印尼的外籍勞工，可是現在越南、印尼慢慢在發展，待發展到一個程度，未來臺灣的工廠可能會面臨沒有員工的問題，再加上臺灣本身少子化問題十分嚴重，所以如果說仰賴勞力密集的工業一定要往非洲移。我也曾聽幾個企業家討論，他們都說要使用 AI 科技，但如果說 AI 真的能取代人工的話，那麼這世界要人幹什麼？就不需要人啦？那沒有人，你生產的東西要銷給誰？這個也是一個問題。

因此要及早讓臺灣人到非洲去布局，不要等到企業已經不能走下去了，才要往非洲去布局，那個時間太慢了。因為我在深圳待過，我非常的清楚，一個國家正在發展的時候，速度是相當驚人的，現在是整個中國大陸，包括全世界都在往非洲前進了，所以你的速度須更快。如果這個疫情趨緩之後，我相信對岸會有更多人往非洲發展。再加上臺灣在非洲只剩下史瓦帝尼有邦交關係，便會更弱勢，就像我們同濟會在做非洲國際援助時，也只能往史瓦帝尼去，後來同濟會到迦納去深耕，才又多一個管道與窗口。我們可以先去迦納，再看怎麼去其他市場，我們有當地的關係，有本杰門在那邊，更可以得到他的幫助和保護。

為臺商寫歷史：訪談非洲臺商經驗分享

陳德昇

（政治大學國際關係研究中心研究員）

學歷

- 政治大學東亞研究所博士

現職

- 政治大學國際關係研究中心研究員

經歷

- 美國史丹福大學胡佛研究所訪問學者
- 政治大學國研中心四所所長
- 總統府國家安全會議諮詢委員

摘要

　　本報告以「為臺商寫歷史：訪談非洲臺商經驗分享」為題，分析訪問在非洲投資有成之臺商投資與經商經驗，從這些經驗中歸納出三項重點：

一、以全球化、在地化與跨界治理之觀點解讀與布局非洲：臺商應整合自身資源，透過多領域跨界資源流動，到全球尋找對自身獲利機會高的市場，以拓展事業。此外，與當地建立良好社會網絡，與當地官員和人民互動，並投身公益，才有助在當地市場生根。

二、複製臺灣經濟發展經驗，增加投資策略可行性：臺灣過去在產業發展經驗，可移植適用至開發中國家或新興市場中，特別是農漁業、輕工業與民生工業等經驗。臺商的工匠精神、跨界資源整合及人才運籌策略複製與調適，將可增加投資策略的可操作性，以及深化臺灣經驗的影響力。

三、臺商在非洲投資成功可歸因於：（一）專業：具備專業能力與經驗，對市場有敏銳度；（二）家族奧援：家族中具有投資經商與專業經驗，透過家族支持可成為前進非洲市場的後盾；（三）重視公關：注重與當地政府、重點人物與在地人民的交往；（四）管理能力：包括人才、財務、成本控制和運籌能力；（五）冒險精神、自律及風險管理；（六）投資當地房地產是獲利的良好途徑。

　　赴非洲投資的臺商經驗難能可貴，其經商歷程及成功歷練應予傳承和發揚。「為臺商寫歷史」是具使命感和有意義的工作。

壹、背景說明

在社會科學研究方法中，深度訪談是非常重要的方法，因為在研究過程中若不實際和對方進行交流，不到現場去調研，要怎麼知道對象與市場的真實面貌。所以我覺得深度訪談在研究中是非常核心的方法。做任何的研究都要有理論、要有觀點、要有實務經驗，最後才是經驗與案例的對話。

我個人在過去做了 30 年的臺商研究，大陸東莞，昆山、上海、廈門等地，做臺商大陸投資的研究。一次偶然機會碰到僑務委員會的童振源委員長，他曾是政大國發所的教授，曾經擔任泰國大使，現任僑委會委員長，童委員長說：「你是不是可以來幫我們做非洲的臺商研究訪談」，後來就參與這項研究了。

如果用一個字給「為臺商寫歷史」這個研究做總結，那會是什麼字？就是「寶」，為什麼是寶呢？第一個是寶藏，第二個是寶貝。寶藏是指我們的臺商，這個寶藏還有許多東西可以挖掘，也值得人們挖掘；第二個寶貝，是指臺商是我們的寶貝，值得珍惜，他們在非洲投資的經驗、觀察、對問題解讀的能力，真的是寶貝呀，值得好好跟他談一談、聊一聊，把這個內容好好整理出來，我覺得這是非常重要的。同時也啟動了我「為臺商寫歷史」的寫作和研究動力，因為這是具使命感和有意義的工作。

貳、理論、觀點與經驗

任何議題的研究，要有理論、觀點、案例與對話，這才能深入問題的核心，最後要試著找出新的發現和創意。

一、全球化：在地化／跨界治理

　　經濟全球化裡面有一個核心的內容就是在地化。如何在全球布局中，落實在地深耕和生產要素的鏈結。例如迦納周會長當初為什麼跑到非洲去？他在臺灣有工作的歷練，到非洲之後發現市場比想像的大，也更有機會，而且剛好那時候政變剛結束，投資客都跑掉，他剛好進去，如果是你，你敢不敢？全世界很大，你如何找到很好的時機，你怎麼去經營在地關鍵人物，怎麼跨界？跨界也不僅僅是跨疆界，還要跨不同的產業、不同的人脈、不同的資源，跨界之後能不能整合？跨界治理的概念是協調、合作與互惠，你能不能把這些東西很好的做一些安排和處理，這跟你未來的財富是有必然的關係，你可以藉由這個機會整合資源，跟在地做更多扎根和鏈結的工作。

二、兩岸與國際關係：國家困局／重視非洲

　　那現在的臺灣應該怎麼辦？兩岸和國際關係現在已處於結構性變局。兩岸關係是有史以來最險惡的狀態，在區域整合裡，臺灣完全被排擠，RCEP（區域全面經濟夥伴協定）、CPTPP（跨太平洋夥伴全面進步協定）都沒有我們的參與。電子產品可能沒有關稅的問題，但是紡織品、機械設備產品，你輸往這些區域整合的國家可能須課徵 10% － 15% 的關稅。例如彰化社頭的襪子要輸往美國，即要課關稅，而日本、韓國所產的產品品質不見得比臺灣的差，但韓國輸往美國是免關稅的，你怎麼去跟人家競爭。所以我們的這些產業壓力很大，可能會逼得這些產業須往海外投資。綜上所述，臺灣要承載的壓力，像經濟上的壓力、被中國大陸圍堵的壓力只會越來越大。我們嘗試用傳統外交與之抗衡，無法跟中國大陸對抗，兩岸經貿出口依存度高達 43%，臺灣內需市場也很有限，不論做任何產品、

任何產業，都很可能因為市場的過度飽和讓你沒有生存空間。所以為什麼年輕人在臺灣市場裡面找不到太多發揮的空間，變得大家都跑去從事餐飲業、服務業，不然就是優秀理工人才被臺積電吸走，但我們不應該只是從臺灣的角度來做思考，是不是可以有一些全球化布局的概念。

國家間進行區域整合，簽署協定，他們相互可以免除關稅，還有很多經貿的交流、交換，如此便可以降低很多貿易間的摩擦，可以相互溝通。RCEP 是由中國大陸主導，目前成員國包括：澳大利亞、柬埔寨、泰國、老撾（寮國）、新加坡、越南、日本、中國、紐西蘭、汶萊、韓國、印尼、馬來西亞、緬甸和菲律賓。CPTPP 成員國包括：日本、加拿大、澳洲、紐西蘭、新加坡、馬來西亞、越南、汶萊、墨西哥、智利及秘魯，現則由日本主導。環顧這些國家，都沒有臺灣，臺灣都被排除在外，我們只是小國，被排除在外的話，將來經濟競爭會比較辛苦。

中國大陸在進軍非洲市場是非常積極的，制定「一帶一路」全面攻略，給美國和歐盟也很大的壓力。2021 年美國拜登（Joe Biden）政府，包括布林肯（Antony John Blinken）11 月也到非洲布局，2021 年 12 月 2 日歐盟也宣布一個全球門戶計畫，準備 3000 億歐元投入新興市場和非洲援助中。全世界都已更加重視非洲。

三、經濟地理：區位布局與梯度移轉

若從經濟地理學角度出發，臺灣搭飛機到非洲可以從幾個不同的路徑（請參圖 1），一是走杜拜然後到迦納，可搭阿聯酋航空或是坐土耳其航空，轉到西非，還有衣索比亞航空也可到非洲，聽說學生還有機票優惠。往南非的話，可能就是由香港搭國泰航空轉南非，大概是這幾個路徑。我們從這個角度來講，非洲看起來，還滿遙遠的，坐個飛機、轉機恐怕要花

圖 1：臺灣赴南部與西部非洲航程圖

個一天跑不掉，聽說到土耳其要花一天多時間，因為他不讓你接機的，他讓你到土耳其玩一玩，想賺你旅遊的錢、觀光財。

　　前任非洲臺灣商會總會長吳孟宗曾跟我強調說：「你從臺灣看非洲，一文不值，但從非洲看世界，則是世界中心。」若從臺灣看非洲，大家都說非洲人是黑人，非洲是鳥不生蛋的地方，可是從非洲出發，去歐洲五、六個小時就到了，到美國也很近，到中南美洲也不遠（參見圖 2）。如果廠商從這裡生產產品，再賣給到三個地方，真有地利之便，再加上這裡有很多的自由經貿區，且都已經開始運作了，人力資源也很豐富。所以從臺灣看非洲也許價值有限，但從非洲看世界，看歐洲、美洲都很近。將來如果我們成功在這裡做出事業來，放假的時候就去歐美度假，到西班牙、葡萄牙就很近，可能三、四個小時就到了。我覺得吳會長跟我講這個觀點頗有啟發性。

　　此外，我在訪問非洲剛果（金夏沙）臺灣商會楊文裕會長時，他跟我

圖 2：非洲與各地區相對距離

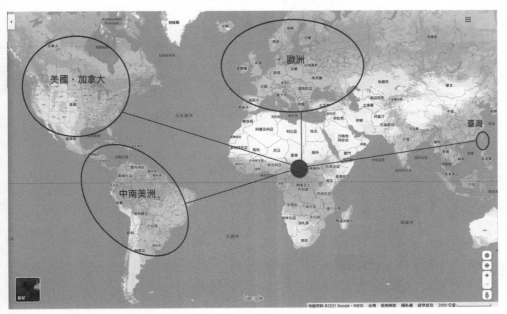

講另外一個觀點也很有意思。他說：「世界有兩個肺，一個是亞馬遜河，一個是剛果河。」（參見圖 3）因為他在剛果經商，剛果河是非洲最長的河流之一，也是世界最深的河。現在大家都談氣候變遷、環境變遷，為什麼氣候變遷那麼嚴重，為什麼解決不了，很重要的原因是濫伐濫燒，樹木沒有重新生長，讓世界之肺受傷，所以全球的氣候變遷，跟這兩條河沒有得到良好的治理和管制是不是有關聯性？我覺得他的觀點也給我們一些思考。

那麼若從經濟地理學的角度，從梯度轉移到利益取向，也是觀察重點。什麼叫梯度轉移？就是說每個國家的發展階段，就像一個階梯一樣（請參圖 4），利益取向也是跟階梯一樣，可以看到英、日、美這三個國家都是已開發國家，坦白講在英國、美國、日本賺錢很不容易；第二階梯是中國，

圖 3：亞馬遜河及剛果河地理位置

圖 4：梯度轉移與區位利益

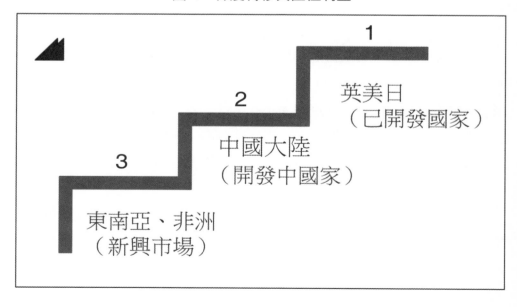

開發中國家，過去二十年機會很多，但是也已經越來越困難了，因為成本和政治風險都升高了；那現在就是東南亞和非洲是新興市場國家，仍有機會，現在梯度可能要慢慢移到第三個層次。換句話說，可能三、四十年前去美國、日本是有機會的，二、三十年前到中國大陸是容易賺錢的，但現在可能這兩個地方都難賺到錢，所以東南亞、非洲可能是相對比較有機會的，那麼非洲則是新興市場的代表性的區塊。

四、臺灣經驗：經濟發展經驗可複製？

從臺灣經驗出發，我認為我們生長在臺灣，也經歷了過去三、四十年來臺灣發展最輝煌的時期。也許現在我們的成長並不是那麼的快速，但是我們曾經有發展過農漁業、輕工業、民生工業，具有非常好的基礎，且臺灣企業家具備工匠精神，我們有很多各行業的隱形冠軍；再加上跨界人才的整合、資源整合能力，我們臺商去中國大陸投資很多 ICT（Information and Communication Technology）產業，有昆山臺商說：「我們昆山一年出口上千億人民幣電子產品到美國及全球的市場。」可見我們 ICT 產業跨界整合的能力是非常非常強的。因此人才的運籌、整廠的輸出，還有經驗的移植是不是具有跨界可操作性，可做更深入的探討。

比如說我們訪問臺灣機械業隱形冠軍——元成機械，他們生產的這些機器設備都是自己設計和生產，也都是客製化的。劉董事長親自跟我們解說，有些是製藥的設備，還有食品工業的設備，主要都是以不鏽鋼製成，且是 316 醫療用等級的不鏽鋼。元成不僅僅只做硬體的設計，還能寫軟體程式來控制這些機器的自動化，這是臺灣之光與隱形冠軍的企業。我們在這些臺灣成功經驗裡面，可以做一些策略和複製，如臺灣特色飲品——珍珠奶茶，在海內外蔚為風潮，通路連鎖搭配年輕創新的行銷手法，可以將珍奶文化推廣出去。

參、案例分享

本部分將帶大家分享部分具體案例，頗具特色。

一、陳淑芳：奈及利亞／在地共生實踐者

非洲奈及利亞臺灣商會會長陳淑芳，在奈及利亞開快乾膠工廠，小小的一條快乾膠，一年能賣出幾十萬噸。另陳會長還有一個很特殊的身分，她是非洲的王妃，她的丈夫是奈及利亞傳統部族領袖，俗稱「土王」（「土王」其實是沒有法律和行政實權的，但部落影響力仍然很大），掌管 15 個鄉鎮，位高權重。三十多年前陳會長原在貿易公司上班，結識來臺採購的 Luke。陳會長第一次去奈及利亞的時候，還覺得很奇怪，怎麼到處都黑黑的，怎麼只有她丈夫家裡有燈，後來才知道奈及利亞鄉下是沒有電的。在奈國陳會長和先生對家鄉做出積極貢獻和回饋，陳會長更投入當地教育、文化和族群融合，是成功的在地共生實踐者。

奈國市場機會潛力大，Luke 曾說：「奈及利亞 1.9 億人口，你知道這是什麼意思嗎？如果你製造任何一項產品賣出去，就是賣 1.9 億個，你賣一個手錶，我會說是賣給一年 1.9 億人的市場，你做耳環的，就是一年賣 1.9 億個，你會賺大錢啊。」一條快乾膠，一年賣出幾十萬噸，儘管奈國環境險峻，資源較少，又常缺電缺油，但 Luke 認為：「沒有風險，就沒有成功。」

二、周森林：迦納／市場敏銳開拓者

這是我訪談二十幾位臺商裡面，第一位訪問的對象。周會長非常親切，具有親和力，跟我談非洲的故事。迦納總統也曾頒給他獎章。據了解

2020 年春節，幾個臺商在迦納因為假簽證的問題，可能會被送到拘留所關押，後來周會長一通電話，就原機遣返，這些臺商便不用受牢獄之災，也是周會長在當地實力的展現。

　　周會長最常為人樂道的是，早期在迦納賣 poki 冰棒和袋裝飲用水，看準商機的故事。周會長在迦納政變後進入市場，當時外商多走避內亂，周會長則看中商機，結交當地軍政首長，並將臺灣流行的冰棒引進迦納大受歡迎；也因瓶裝飲用水價格高，而以廉價塑膠袋裝水獲市場青睞。

三、楊文裕：剛果／法國麵包成就者

　　楊文裕會長現在剛果的金夏沙開麵包工廠，他十三歲便跑到象牙海岸，現在則在剛果。他年輕的時候，就在工廠裡面到處跑，身邊都是黑人員工。他的父親是東勢高工畢業，雖只有高工學歷，但他父親是非常專業的機械專業人才。楊會長說我們看醫生的時候，醫生會用聽診器聽身體狀況，而他父親拿一個管子放在引擎處聽，就知道這設備出什麼問題，這是工匠精神，非常專業的。而他父親到西非去的時候，也是憑著修理、組裝機械的技能受到市場肯定。

　　楊文裕會長在剛果做的法國麵包，一天可做 40 萬條，他跟我說未來目標是一天要生產 120 萬條。當然，他說法國麵包的利潤，並不如想像來得這麼好，所以他也做一些餐包來販售。他們賣麵包的時候是很多人來排隊批貨。他的法國麵包大概八個小時就要食用完畢，因為他堅持不加防腐原料，非常重視食品安全。

四、施鴻森：馬拉威／制度濟貧領航者

　　施鴻森會長在馬拉威經商，從事咖啡產業，當初為什麼要選擇種咖

啡？首先是因為咖啡樹是一種經濟作物，所以能夠做到利人利己又利他，利人是指馬拉威的人民可以用自己的勞力來養活他們自己，所以這樣子做的話能夠減少對國際社會援助的依賴；第二是可以幫助自己做成一番事業。

　　施會長最令人欽佩的是，他在制度上保障貧困的農民，能得到比較好的報酬，而不是選擇剝削。換言之，施會長在扣除成本與本身合理的利潤後，將其他獲利和種植者分享，在制度面保障農民收益。施會長以前是在南部做宴席的（辦桌），當時便展現了他的經營才能，而且他很重視訓練，經常要求員工、夥伴要重視餐飲的衛生和服務品質，這樣才能贏得顧客對你的認同。後來他到馬拉威去做木材和咖啡的生意，在海外投資經商的過程中也曾被騙，但他仍然是不改造橋、興學、捐助的善舉，使得在地共生理念，獲得在地政府與人民的認同。

五、陳阡蕙：南非／宗教公益善行者

　　陳阡蕙、林青嶔夫婦在南非洲參與宗教活動成立孤兒院，院童超過兩千人。他們也學中華文化、學中文，對臺灣有很多的認同，也有部分優秀的同學來臺灣留學。未來臺商如果去非洲投資，非洲幹部就可以找這些同學參與，因為他們有好的文化教育及語言溝通能力。不過未來孤兒院若只靠捐獻的公益活動，長期是走不下去的，目前已評估要「以商養道」，採行更多市場經營來維持公益組織。

　　陳阡蕙和林青嶔夫婦表示：非洲有很多愛滋病病例，許多的父母都有經濟上的困難，孩子就被遺棄。這些被遺棄的孩子不僅在院裡得到照顧，甚至還帶孩子們到日本、臺灣從事很多的表演。陳會長表示：他們很受到感動。尤其是部分留學臺灣的成員完成學業，也為他們感到高興。不過，

他們在臺灣考取的證照，返國卻不能使用。因此，臺灣相關證照的國際化，應是努力改善方向。

六、張小惠：迦納／在地市場與公益實踐者

　　張小惠董事長投入美容行業三十餘年，擁有豐富的美容創業及教學實戰經驗，創立自有品牌 DANICA 丹妮卡，在中國深圳落點，深耕中國美容市場二十三年，並於 2016 年，前往非洲迦納。因緣際會得以探索迦納，發覺迦納市場現況與 20 年前的中國相似，因此利用過去 20 年在中國的投資經驗進入迦納。

　　進入迦納時透過與迦納友人本杰門合作，以當地居民視角出發，了解市場需求，有效減少進入市場的成本。與當地居民建立良好的互動關係，有益於建立當地人對臺商的正面印象。除進入迦納市場進行投資外，張董事長也在迦納創辦國際同濟會迦納分會，由本杰門先生擔任創會長，投入非洲兒童關懷相關計畫，協助兒童認養及教育，不僅回饋社會，也是與在地市場共生的實踐。

肆、前進非洲：策略／布局思考

　　最後分享我認為臺商在前進非洲時，有什麼策略是可以進一步去思考的。我提了幾個觀點，第一個就是安全領航／人脈的建構；第二個是專業深耕／創富平臺；第三個是在地共生／公益分享。

　　什麼叫安全領航呢？安全領航並不是只是說我坐飛機去那邊很安全，而是指在那裡所建構的人脈，比如說我認識周會長，我有什麼特殊的狀況、不公平的待遇，我可以找周會長的關係來幫忙處理一下，這也是安全概念。

所以我們的安全，並不是只是飛航上的安全，還有你在當地的安全性、國家的腐敗指數高低、透明指數，以及醫療條件等各類的指標表現和評估，都是很重要的。

　　人脈建構與在地共生運作非常重要，垂直和水平的關係都要搞清楚，垂直的包括與政府上層的關係，與稅務部門的關係，還有碰到問題應該找誰。作為一個企業，很重要一點就是怎麼樣照顧好你的員工，你的企業能不能長期的經營，你能不能給你的員工好的待遇，有沒有剝削他，有沒有給他良好的制度法規；還有在水平層面，你有很多的競爭者，也有可能有很多合作夥伴，有很多競合關係。我發現非洲臺商企業，事實上也雇用大陸來的員工或管理階層，甚至也有很多原材料也向大陸廠商來調度，由此可見兩岸之間即便有一些政治矛盾，但是我們在市場上還是有可能成為合作關係。

　　那什麼是在地共生／利益共享呢？主要是在當地獲取利益後懂得分享，與在地參與和互惠。此外，在非洲做很多善事、捐助，你也要回臺灣做一些善事，我覺得兩地之間要平衡，公益共享，不要去過度的集中一個區塊。作為一個企業獲得利益之後，可以在兩地做更多這方面的平衡參與和分享。

　　在市場策略的思考，我們可以考量什麼因素？

一、市場導向思維

　　行銷優先，我們臺灣經驗裡面有一個較大的弱點就是，很會生產產品，但不會行銷（marketing）。你做任何一個市場的選擇的時候，第一個要想到是，我要賣給誰？誰會跟我買？要先搞清楚客群，而不是先從事生產，生產一大堆東西，到時候賣不出去怎麼辦？

　　舉個例子，我們農耕隊去南部非洲種地瓜，臺灣地瓜品質很好，問題是地瓜種出來之後有大有小，那你要賣給誰？超市說我只要中型的，就是較符合消費者需求，而且賣相好。結果你種出來了，三分之一賣得出去，三分之二偏大、偏小的爛在田裡，就是一個失敗的計畫。所以你要幫助人家，要從事生產的時候，要先知道你這個東西要賣給誰，功能與用途為何？他要什麼樣的產品。那我們在種的時候是不是就可以控制地瓜的大小，有效地控制生產，不是說拚命去生產，不管客戶需求，否則會害了這些農民。所以市場為導向的思維，就是以行銷作為優先的思考，且在種的時候先考量價格和銷售網絡。

二、大中型企業產業鏈運籌／中小企業採差異化策略

　　我認為大中型企業產業鏈運籌是很重要的，像中小企業去非洲跟中國大陸的大軍團作戰，和歐美那些老牌的殖民者、日本的大商社對決，單打獨鬥會非常辛苦，所以我們的大中型企業如果有適合的廠商，是不是評估能進軍這個市場。以大中企業帶領小企業打造整個產業鏈，你吃肉我喝湯，也許機會比較大，而且這些小企業也比較有底氣能夠一同參與。另一個部分就是產品要有差異化，我問過一位機械業者，他是做塑膠機械的。機器賣給四位業者，結果都未獲利，機械閒置不用。他說大陸商人從大陸進口塑膠袋，他的成本比我在當地生產出來的還低。所以今天大陸跟你用低價傾銷的話，很多市場是被他吃掉的，所以中低檔的產品很難生存。因此，你做出來的產品品質要比較好，要有差異化與價格的優勢，你才能夠存活。

三、產業布局與臺灣經驗應用

　　我們臺商過去的跨界經營經驗是非常豐富的，近期參加 TABA（非洲臺灣經貿協會）在南港展覽館的展場，就看到廠商利用循環經濟創造很多的價值，再加上未來還有很多國際資源會進到非洲去。你如何參與國際資源整合對話，借力使力，或是可促成發展機會的關鍵。此外，在臺灣發展農業、輕工業和民生工業經驗中，仍有許多產業專業與工匠技藝，在非洲市場和現代化過程中，有市場參與和互補空間，並有賴積極開拓和具體實踐行動。

四、產業備援基地與應急運籌

　　我認為非洲可作為臺商很好的備援基地，其實非洲的農漁業都有非常好的發展空間，將來面對劇烈的氣候變遷，或者說臺灣面對更大的挑戰的時候，如果在那邊擁有一個備援基地的話，是不是可以提供我們臺灣更多的經貿和產業奧援。對非洲而言，大片土地的農業利用遠遠不足，更缺乏科學化、機械化與規模化的種植技術和資金，因此非洲農業投資仍有其戰略性與功能性價值。

五、臺商互動：團結／信任／制度／韌性／鞏固

　　臺商的互動必須要更加團結、信任彼此，有制度性的保障，才能夠在市場生存。這些年，我也碰到很多不同的臺商，好壞都有，過去常常在臺商界聽到一句話：「老臺商騙新臺商，新臺商騙還沒來的臺商。」這是一種惡性循環，有時候我們在訪問的時候，會看到在那個地方經商的也沒幾個人，沒幾個人還互相說不好的話。我是覺得人與人在一起，不互相合作

沒關係，但是不必去得罪別人。如果大家能合作，一定要有很好的信任關係，建構良好的合作網絡，你才能夠找到生存的空間。

六、建構市場服務與功能平臺

臺灣經驗並不是所有經驗都可以移植，有些可以進行有效的操作，有些策略必須要調整，要做新的安排，必須要更在地化，才有機會。比如說，我們以前在大陸的臺商捐血，是一個很好的活動，但大陸人民就覺得說捐血傷身體不好，所以你必須要在地化，要了解當地的國情是什麼；例如非洲很重視品牌，品質再好的東西，若沒有建立品牌認同，那可能就沒有效果。因為他們對品牌認知，是有很強烈的依附性，所以這一點可能是我們必須要理解的。

我們也開始思考，如何建立世代市場服務平臺？經過與臺商討論後，提出產官學研結合，讓各處的臺商成為諮詢對象，隨時可以解決你的疑問，不需要像傳統智庫，召募研究人員，這是有助於整合的。

目前也規畫將來可以進行暑期非洲企業實習與交流計畫，包括志工和企業計畫，日本目前是有這個機制的，他讓年輕世代跨國學語文和實習，在當地待了一兩年之後，你對這個市場也非常熟悉了。而此計畫係由政府和企業支付機票、薪水及生活費的，讓年輕人去那邊了解市場，了解市場後再進軍市場，我會認為是比較實際的。

我們也希望非洲當地年輕人受到好的職業培訓，將來可以讓非洲的菁英來臺灣培訓。不過，楊文裕會長也主張臺灣年輕人應該去非洲交朋友，展現主動、積極的態度，會更具專業性，也更有價值。我們提供市場的和創業的誘因外，也希望臺商第二代能夠回到臺灣，與臺灣年輕世代交流，將來可以一起去非洲打天下。每個人都希望賺錢，每個人都希望能創造財

富，但是我們怎麼樣讓這些機會能夠為你所掌握，我想這是我們可以努力的方向。

最後我們分析成功的臺商有幾個特質。

第一個是專業精通，你必須要有專業，你不要說我中文系畢業、企管系畢業就要去非洲打天下。你一定要跨界專業整合，比如說你的中文是不是可以跟文化創意、行銷結合，那你要看看非洲市場的痛點在哪裡，才能夠抓到這個成功進入市場的機會。

第二個特質是擁有家族的奧援，如前述提及的楊文裕會長，便是因為擁有父親的專業背景和工廠實務歷練，有助於他後續的發展。此外，資金、技術與團隊也很重要。

第三個特質是重視公關，成功的臺商需要有良好的方法去經營關係，上下左右網絡的關係是非常重要的。

第四個特質是具備管理能力且重視人才，楊會長特別告訴我，企業的「企」，上面是一個人，下面是一個止，你人不對的話，這企業就中止了，就休止了。換句話說，人對，方向對，成功就有機會；你人不對，方向不對，便會一敗塗地，這是非常關鍵的。

第五個特質是擁有冒險的精神，我們臺灣年輕世代這一方面就比較弱，必須加強這方面的歷練。

第六個是房地產一定要投資，專業與市場有時候起起落落，但新興市場國家房地產價格一定持續往上走。

第七個特質是具備生活和經營自律的要求、風險的規避，不要太貪心。成功者要素中自律非常重要。

伍、結論

　　為什麼要為臺商寫歷史？這是我們本篇報告的主軸，第一個是因我認為臺商跨界投資經驗非常具有價值。關於他們如何去積累他們成功的經驗，如何傳承與發揚給下一個世代，這些是我認為有意義的，所以我們希望能為臺商寫歷史，讓他們的經驗能夠透過文字、影像傳達出來，讓未來的願意參與非洲市場的成員，可以有一個導引，所以我覺得這是非常具有使命感和有意義的事情。然後，就是跨界治理是非常重要，大家在全球化的議題裡面，它是一個變動的，是一個梯度移轉的，需要應對危機的變化，所以人才、資源、行動、利益的整合是非常重要，在這裡面你必須要有一個深度與全面的思考。

　　現在已經走入全球化 2.0 升級版的階段，升級版是指你在未來面對市場的時候，無論非洲、全球市場，必須要具備以下幾個觀點和認知：

一、行銷（Marketing）：前述曾提到，臺商精通製造，但不擅於銷售。你必須學習如何去宣傳、行銷，如何把東西賣出去，需要先探詢市場的偏好，需要先去蹲點探尋非洲人的口味，之後創造屬於非洲人的偏好和品牌。

二、法律（Law）：一定要守法，非洲也有工會運動，不要再去做剝削者，會踢到鐵板的，會計帳要弄清楚。楊會長說：「平常以為會計自己隨便做帳即可，兩、三年後突然有一天被查帳，把兩、三年的帳一查，只要有一點點問題，你可能一輩子都沒辦法翻身。」所以一定要重視法律規則，包含稅務制度、勞工制度，才能夠真正保護自己。

三、具備良好心態：EQ（Emotional Intelligence Quotient）一定要保持得比較好，不要常常發生衝撞，不信任他人，不願意跟別人合作。沒有好的心態，你就沒辦法在市場上靈活地運籌這些人脈與機制，沒辦法真

正賺到錢。

四、ESG：ESG 是 3 個英文單字的縮寫，E 是環境（Environment），企業進入市場後不能製造環境汙染，須守護當地環境；S 是社會（Social），企業社會責任也是企業在地化，要善待員工，給他合理的報酬和待遇；G 是指治理（Governance）如何協調、合作很重要。

五、韌性（resilience）：你必須具有彈性、務實的精神，必須在供應鏈移轉的時候，要有很強而有力的協作力量、應變和整合能力。

六、備援基地（redundancy）：未來 2-3 年對臺灣是一個重大挑戰，也可能面臨兩岸、氣候與糧食危機，那非洲應是我們很好的備援基地。

　　歐洲殖民非洲百年，也進行許多投資，但較多是扮演剝削者的角色；中國大陸近年在非洲當地也有很多的建設，雖有貢獻的，但也是新型態的掠奪者，當地也有一些負面的評價。臺商是不是可以不一樣？除了正派經營投資獲取利益外，也可以成為社會互惠參與者、公益分享者。希望未來可以努力做好在地共生，為年輕世代參與全球化，提供新的機遇和選擇，爭取成為非洲新興市場的領航者。

非洲市場研究系列　02

非洲市場研究論壇實錄
Records of the Forums on African Market Studies

主　　　編	陳德昇
發 行 人	張書銘
出　　　版	**INK** 印刻文學生活雜誌出版股份有限公司
	新北市中和區建一路249號8樓
	電話：02-22281626
	傳真：02-22281598
	e-mail:ink.book@msa.hinet.net
網　　　址	舒讀網 http://www.inksudu.com.tw
法 律 顧 問	巨鼎博達法律事務所
	施竣中律師
總 代 理	成陽出版股份有限公司
	電話：03-3589000（代表號）
	傳真：03-3556521
郵 政 劃 撥	19785090 印刻文學生活雜誌出版股份有限公司
印　　　刷	海王印刷事業股份有限公司
港澳總經銷	泛華發行代理有限公司
地　　　址	香港新界將軍澳工業邨駿昌街7號2樓
電　　　話	852-2798-2220
傳　　　真	852-2796-5471
網　　　址	www.gccd.com.hk
出 版 日 期	2022年 7 月　初版
ISBN	978-986-387-597-0
定　　　價	**320**元

國家圖書館出版品預行編目(CIP)資料

非洲市場研究論壇實錄：Records of the Forums on African
　Market Studies／陳德昇主編.
　--初版. --新北市中和區：INK印刻文學 , 2022.07
　面； 17 × 23公分. --（非洲市場研究系列：02）
　ISBN 978-986-387-597-0 (平裝)

1.CST: 投資環境 2.CST: 市場分析 3.CST: 文集 4.CST: 非洲

552.607　　　　　　　　　　　　　　　　111010239

舒讀網